The Unique World

方
寸

方寸之间　别有天地

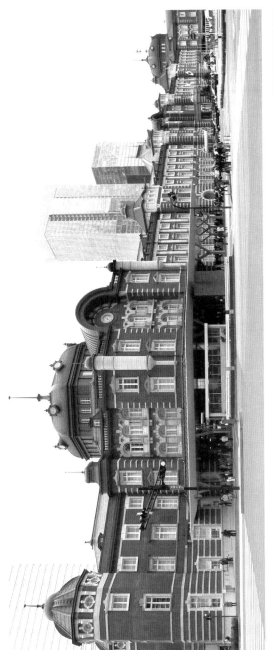

复原后的东京站站舍外观

興福寺五重塔

古今传授之间

筑地本愿寺

首里城正殿

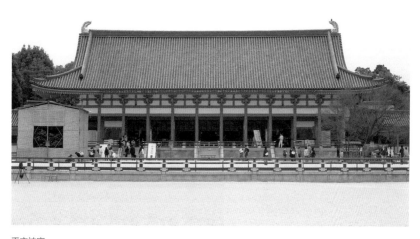

平安神宮

挂川城天守阁的外观与内部

箱木家住宅

北村家住宅

复原民居作田家住宅

白川村合掌造民居园

1909 年的三菱一号馆

2010 年的三菱一号馆美术馆

* 本书彩色插图除《兴福寺五重塔》及《1909 年的三菱一号馆》外，均为作者本人拍摄。

〔日〕光井涉——著

历史建筑的重生

日本文化遗产的保护
与活用

张慧——译

日本の歴史的建造物
社寺・城郭・近代建築の保存と活用

社会科学文献出版社
SOCIAL SCIENCES ACADEMIC PRESS (CHINA)

序 言

近年来，人们对历史建筑的兴趣和关心急剧增加。

京都的世界文化遗产"古京都遗址"吸引了国内外众多游客参观，尤其清水寺一带及平等院，常是一片人头攒动、摩肩接踵的景象。京都之外的金泽等地，一到休息日，留存的传统街区同样人声鼎沸；即便是在现代感十足的东京、横滨和神户等大城市，昭和时代以前修建的近代建筑也在以各种受人欢迎的形式投入使用。以洋馆为背景摄影留念，在古民居咖啡店中小坐，投宿于老式宾馆，诸如此类的文娱休闲活动风靡一时。

不过，把历史的时针回拨一点的话，又会是怎样的情形呢？

在经济高速增长时期（1955~1973），日本各地的古城和乡村景观都处于危机之中，许多景观甚至就此消亡。曾被评价为"与伦敦别无二致"的东京丸之内地区的红砖建筑群，1970年左右就完全消失了，连世界级建筑师弗兰克·劳埃德·赖特（Frank Lloyd Wright）设计的有乐町旧帝国饭店也被拆毁。甚至在仅仅几十年前的1987

游人交织的街道（京都市产宁坂）

年，日本还在讨论是否拆除由红砖搭建的东京站丸之内站舍。时针再往前拨，许许多多的历史建筑都在二战期间或战后消失了；倘若回溯到明治初期，更是有大量的神社、寺院和城堡濒临损毁，危如累卵。即使是今天，作为世界遗产的奈良兴福寺与姬路城，仍稍有不慎就会出现损毁情形。

尽管现在许多历史建筑仍在遭受破坏，但比起过去，越来越多的人开始选择保护而非破坏历史建筑。原因也很简单，大多数人都认同历史建筑具有值得保护的价值与魅力。倘若不能认识到这些价值与魅力，那么从某种意义上来说，拆除这些破败的历史建筑就再自然不过了。在经济高速增长时期，日本的许多民居和明治及大正时代的建筑就这样顺理成章地消失了。

历史建筑的价值与魅力并非一成不变。具体来说，哪些建筑物具有价值？什么值得保护？这些判断基准总是处于变化之中。很可能街头某栋曾被认为随处可见的建筑，会因为价值与魅力重新被发现，突然有一天就成了公众关注的焦点。这些最终造成了今天的情况。

本书的第一个主题，即为追寻日本近代社会发现历史建筑的价值与魅力，并将保护范围从神社、寺院和城堡扩大到民居、近代建筑、传统街区甚至整座城市这一变化的经过。

在产业化和城市化不断推进，政治上持续动荡不安的社会环境下，某些特定类型的建筑会遭到破坏。然而这些破坏活动一旦进行到一定程度，人们又会注意到建筑之前被忽视的价值，于是该建筑又得到保护——诸如此类的情况反复发生。总而言之，发现历史建筑的存在价值也好，破坏它也好，保护它也好，都曾在近代的日本发生过。本书希望结合近代建筑学这一学术领域的相关成果，一并解读这些反复发生的破坏和价值再发现，以及保护的原委。

同时，本书也会尝试思考为了保护那些被发现的价值与魅力而采取的手段，以及在修复过程中具体发生的问题。

绘画与雕塑之类的艺术品，其作品价值一旦得到认可，原则上说，后世之人就不能再修改。但是，建筑物如果完全不加干预，是无法长久保存的。日本的气候环境使得木构建筑一旦疏于修缮就会迅速老化，在数十年内便会彻底糟朽。西方的石头建筑尽管看起来十分坚固，但同样必须定期修缮。

总而言之，就建筑物的保护而言，定期的修缮是不可或缺的。只是一经修缮，外观和材料或多或少都会发生变化。而且，想要长久使用建筑物，就不可避免要根据用途对其进行改造。这样的修缮工作在漫长的历史里重复几次，建筑物就会完全变样了。可以说，历史建筑都是多次改造的产物，外观都已发生变化。

在发现历史建筑价值的过程中，也会遇到许多问题。如何看待建筑物上江户时代及之前累积的改造，以及如何在此基础上进行修复，都是重要的问题。修复中，有人视建筑最初的样貌为最高价值，主张回归本源，即希望"复原"；也有人认为这些历史变迁的积累才正是建筑物真正的价值所在，故而主张"维持现状"，秉持"忽视美学"。关于建筑文化价值的讨论在双方的唇枪舌剑中逐步深入。

此外，为了使之可以继续"发挥作用"，近年来，许多历史建筑按照现代建筑标准在房屋结构的安全性、舒适性和便利度上进行了改造。不过，究竟应允许改造到什么程度同样是亟待解决的问题。本书的第二个主题，便是以复原为焦点，回顾这些关于历史建筑修复的价值讨论。

值得注意的是，主张将经过改造导致外观变化的建筑还原到最初样貌的思想，后来进一步发展为"再现"已完全消失的建筑物。

虽然这种再现的想法古已有之，但毁于兵燹的天守阁[1]真的修复如初后展现的风貌还是给人们带来了巨大的震撼，同时也获得了认可。之后这一理念甚至被运用在重要"历史街道"[2]的保护上。20世纪末以来，日本各地的历史遗迹保护工作都步入了新阶段。

1992年落成的冲绳首里城正殿，虽然如实重现了曾经的样貌，但终归是平成时代建造的现代建筑，并非历史建筑。然而，当该殿于2019年再次毁于大火时，冲绳民众的反应显然告诉我们，首里城并非只是随时可以重建的现代建筑，它始终被视为冲绳的象征，与真正的历史建筑无异。与之类似，1959年以钢筋混凝土结构重建的名古屋城天守，虽然人们普遍认可其存在价值，但仍然会就是否应

1　也称天守，是日本城堡的核心建设，外观为高大的瞭望楼。

2　这里的"历史街道"指的是旧时连通日本各地区的主要交通干道。

再现原本的木结构而争论不休。

本书的第三个主题就是讨论为什么会出现这些"再现"建筑，它们又有着怎样的社会意义。

在当下的日本，二战后持续多年的废旧建新已逐步走向终结，人们渐渐意识到数量庞大的历史建筑中蕴藏的巨大价值，甚至开始转而追求重要"历史街道"和历史区域的保护与保全。同时，也有越来越多的人尝试将历史建筑转化为现代资产，使之充分发挥实用价值。

历史建筑正由毫无价值的破房子或是仅在旅游时才会去参观的景点，逐步转变为我们日常生活中随处可见的普通场所。本书的主要目标，是立足于不断出现价值变迁的当下，回顾近代以来关于历史建筑的种种思考。

目　录

本书中未注明来源的图片皆为作者本人拍摄

第一章

历史的发现

为什么法隆寺留了下来

尽管地震和台风等自然灾害频发，但日本列岛仍然留下了许多古老的木构建筑。尤其是法隆寺西院的金堂、五重塔、中门和回廊被公认为世界上最古老的木构建筑。全日本能追溯到8世纪奈良时代的建筑达28座之多。相比之下，中国大陆作为木构建筑的起源地，8世纪留存下来的木构建筑恐怕只有南禅寺大殿了；朝鲜半岛则没有这一时期的木构建筑留存。

日本没有外族入侵引发大规模的战争固然是一个重要原因，但自古延续下来的建筑管理组织会定期对建筑进行修缮，恐怕才是日本国内能保留如此之多古老木构建筑的主要原因。

定期修缮包括根据需要进行的日常维修，十年至几十年一次的一般性修缮，以及一百年至两百年一次的根本性修缮。正因妥善落实了这些步骤，木构建筑的寿命才得以大幅度延长。以法隆寺金堂为例，自8世纪初建成至今，有明确记载的修缮大大小小约15次，其中1603年（庆长八年）的修缮还使得外观发生了巨大改变。

如此费时费力地维护历史建筑，似乎是日本长久以来始终坚持的对建筑古老价值的认可与尊重。在《日本文德天皇实录》855 年（齐衡二年）就修缮东大寺大佛一事的记载中，修缮"古物"的"功德"远大于"新建"，正是强调修缮古建筑的意义。只是，问题并没有这么简单，与之完全相反的情况也同样存在着。

在 694 年（持统八年）建都藤原京之前，每逢天皇登基，大和政权都会全面重建宫殿，仅 7 世纪至今重建就多达 15 次。而且，就像伊势神宫每二十年就重建一次一样，许多神社都有这种对神殿进行定期拆解翻新的"式年造替"制度。这一制度产生的原因可能是考虑到柱子埋入地下部分的耐久性，也可能是为了能够定期获得资金，但不可否认的是，这种做法使建筑得以呈现新建筑的清新风貌。

如上所述，日本文化长久以来在追求建筑创新的同时，亦不否定历史建筑的价值。实际上建筑物的新旧区别也相当微妙，二者之间并没有明确的界限。

如前所述，长期接受维护的木构建筑都经历过数次修缮。尤其是将梁柱的建材全部拆卸，维修时再将这些旧建材重新组装的"解体修理"，由于是把建筑彻底拆解再重新组装，就跟新建一栋建筑没什么区别了。实际上，如果看施工期间的"栋札"[1]，会发现"修建"或"修缮"的说法在解体修理与新建时都会使用，大规模的修

1　钉在檩条上记录委托人、施工人员、施工时间、施工缘由等的木牌，也有将内容直接刻于檩条上的。——译者注。本书注释如无特别说明，均为译者注。

缮与新建之间的界限很模糊。而且拆解现存建筑获得的旧建材也常被用于建造新建筑，这使得问题更加复杂。

事实上，日本从古代[1]一直到镰仓、室町时代，都很难说对历史建筑的价值有什么高评价。当时的基本观点是不因建筑物老旧就拆毁，能用则用，不必须拆就不拆。伊势神宫在式年造替制度确立之前就是"随破修理"，即一有损坏就修复，边修边用，这种做法也可以佐证上述态度。

综上所述，以法隆寺为代表，虽然日本留存下来的历史建筑比邻国要多，但直到中世[2]之前，日本社会都并没有发现历史建筑有什么特别的价值。也就是说，历史建筑的存在价值并没有得到承认。

对古老的肯定：城堡

大约在战国时代向江户时代过渡的时期，日本出现了肯定建筑物之古，有意维持其古老外貌的思想。这一时期，从古时延续至中世的价值观与社会结构崩溃，大量贴合社会新秩序的建筑物爆发式出现。在这种经历破坏之后的大建设时代，这种推崇历史建筑的思想似乎与整个社会的趋势相悖。

我们可以从许多事例中窥见肯定建筑之古的兆头，而精心维护

1　日本历史分期之一，通常指 3 世纪至 12 世纪平安时代末期。

2　日本历史分期之一，通常指 12 世纪末镰仓时代至 16 世纪中叶，与"中世纪"并非同一概念。

历史建筑的制度已经在对城堡的保护上得到了落实，因此我们先从城堡开始介绍。

近世[1]的城堡，因其最初职能是战国大名[2]的居所和防守的据点，所以到了战国时期落幕的 16 世纪末期，城堡高处的天守俨然成了高耸入云的庞然大物。在环绕着近世城堡建设的城下町中，武家地、町人地、寺社境内[3]依照规划分布，从这些地方可以望见的天守和大手门[4]等建筑，逐渐成了当地大名、藩甚至整个城下町的象征。

16 世纪末至 17 世纪初是日本近世城堡建设的高峰期，大量城堡如潮水般涌现，但这一势头在 1615 年（庆长二十年，元和元年）戛然而止。"大坂夏之阵"终结了丰臣家的统治，新统治者德川家康随即于当年六月命令各地大名拆除城堡。一封此时寄往毛利家的书信中这样写着："贵殿御分国中，居城被残置，其外之城者，悉可有破却之旨。(《毛利氏四代实录考证》)"[5]明确勒令毛利家除保留一座供大名居住的居城外，领地内的其他城堡都要拆除。

《一国一城令》意在削弱各地大名的防御力量。此后于当年七月颁布的《武家诸法度》第 6 条要求：

1　日本历史分期之一，指安土桃山时代及江户时代。

2　拥有大量土地的领主。

3　城下町分为武士聚居的武家地、平民聚居的町人地和神社寺庙聚集的寺社境内。

4　城堡的正门。

5　意为"在您的领地上，除了您自己的居城，其他的城堡都必须拆除，这是将军的命令。"

　　诸国居城，虽为修补，必可言上，况新仪之构营坚令

停止事。[1]

　　在居城仅能有一座的限制上，还要求维修居城也要呈报，并严格禁止建设新的城堡。经此之后，日本国内原有的约 3000 座城堡，估算只留下了十分之一。更有甚者，在两年后的 1617 年（元和三年）六月，修订版的《武家诸法度》又宣布：

　　新仪之城郭构营坚禁止之，居城之隍垒石壁以下败坏

之时者，达奉行所，可受其旨也，橹塀门等之分者，如先

规可修补事。[2]

　　这条内容详细规定了在严格禁止新建城堡的同时，即使是想拆除居城的空壕、堡垒、石垣，也须获得许可，"如先规可修补事"，严厉要求维持原本样貌不变。

　　1619 年广岛藩主福岛正则因违反此令受到处罚。各地大名出于对被贬斥的恐惧，迅速服从了《一国一城令》与《武家诸法度》。

1　意为"各封地的居城，即使是维护，也必须禀明，更不允许建造新城。"

2　意为"禁止建造新城，居城的空壕、堡垒、石垣等如有破损必须上报奉行所，得到允许后才能修缮，橹、城门等处应按原样修复。"

上述法令也就成为各地方维护城堡及相关建筑的原动力。

也就是说，这一严苛得不允许丝毫改变的城堡维护标准是由德川幕府强制推行的。在漫长岁月的沉礼中，那些得以保留下来的城堡由大名、藩及城下町的象征，转变为当地人引以为豪的视觉符号。在时间的孕育下，城堡的意义传承至今，经久不变。

品评茶室之古：茶庵

在城堡这个例子中，政治与制度发挥了很大的影响，而对茶室之古的肯定倾向和评价则关联着深层次的审美意识。

与后世的用途不同，茶在古代刚被引入日本时是用于治病的，在室町时代时则用在一种猜测茶产地的"斗茶"[1]活动中。但经 15 世纪村田珠光、16 世纪武野绍鸥的推介后，自千利休（1522~1591）开始，茶被用于一种名为"侘茶"[2]的综合文化活动中。在千利休去世后，侘茶由他的弟子发扬光大。

虽然早期侘茶的具体操作步骤并不固定，变化很多，但从两件事（物）中我们能感受到对古意的尊重以及与之相通的审美，一是村田珠光的名言"名马正应拴在茅屋之侧"，二是确认由千利休参与建造、乍一看像是草草完工的茶室"待庵"（京都府大山崎町，国宝）。

1　一种根据点茶手法、茶香等推测茶产地的游戏，流行于日本中世至近世。

2　日文为"侘び茶"，狭义上指一种较为朴素的茶会形式，广义上指千利休创建的茶道体系。

　　茶室原本只是基于茶人个人审美和创见而设计建造的，但随着茶道流派和家元制[1]的确立，茶室的形式也一起固定下来，成了衣钵相传的一部分。传承时会使用兼具设计图和模型作用的"起绘"[2]，这使得建造忠于原物的"仿制品"成为可能。因此，许多著名的茶室都留存了多座与原物几乎一模一样的仿制品。

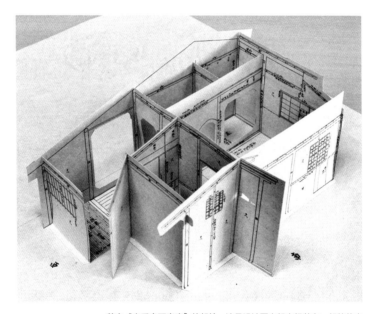

茶室"表千家不审庵"的起绘。这是设计图立起来组装在一起的状态
资料来源：堀口捨己監修『茶室おこし絵図集　第2集』(墨水書房，1963年)

1　以家族血缘传承为主的技艺传承制度，多出现在日本传统手工艺与艺术的传承中。
2　日文为"起こし絵"，字面含义为"立起来的画"，是日本江户时代出现的一种用于房屋建造的剪纸工艺，可以同时展示建筑模型和设计图，可折叠。

其中，依照古田织部个人意趣建造，著名的三叠台目茶室[1]"燕庵"（京都市上京区，重要文化财）的仿制品值得一看。

千利休的弟子古田织部（本名古田重然，1544~1615）是日本战国末年的武将，"大坂夏之阵"时因被怀疑与丰臣家暗通款曲而选择自尽。他死前嘱托妹夫薮内剑仲修建茶室，即燕庵，不过原建筑已毁于1864年（元治元年）的蛤御门之变。据传现存的燕庵是1831年（天保二年）左右在摄津的结场村（今神户市）建造的仿制品，在原物烧毁后，这座建筑被认为是留存的诸多仿制品中最为古老的一座，所以被迁建到了薮内家。

从这一连串经历来看，我们显然可以发现始建者古田织部创作的茶室，即原物有着最高的价值，这也是大家仿建的动机。原物的消失使得诸多仿制品中最古老的一座建筑升级到了原物的地位，由此我们也能明显看到古老本身的价值得到了肯定。此外，我们可以从他们对原物的重视中，看到与我们后面要讨论的"复原"行为相似的目的性。

基于人物与行为品评古老：古今传授之间的迁建

到了江户时代，我们甚至能看到人们试图基于建筑与人的联系来品评和保护古建筑。典型的例子就是熊本市水前寺成趣园保留的"古今传授之间"。

1　指由三张标准榻榻米大小的客座和一张茶室榻榻米大小的点茶席构成的茶室。

古今传授之间

　　水前寺成趣园是由 17 世纪的熊本藩初代藩主细川忠利主持修建的大名庭园，古今传授之间坐落其中。在这间屋子里，一眼就能望见仿富士山而建的假山和池苑之美景。这样的布局现在看来像是古今传授之间从一开始就在建园规划之中，但其实最初矗立于此的是另一栋名为醉月亭的茶屋。醉月亭于 1877 年在西南战争中烧毁，至三十余年后的 1912 年，人们又将古今传授之间由京都迁建至此。

　　建筑名称中的"古今传授"，是指以口传心授的方式教授《古今和歌集》的注释。这项学问先由细川家先祖细川幽斋（本名细川藤孝，1534~1610）继承，后由 17 世纪传承宫廷文化的中坚人物——桂离宫的创始人八条宫智仁亲王（1579~1629）继承了下来。

　　细川幽斋与八条宫智仁亲王举行"古今传授"是 1600 年（庆长

五年）三月之后的事情，举行的地点是京都今出川的八条宫府邸内的"学文所"，又称"书院"。该地在 17 世纪中期，被迁建至属于八条宫家领地的开田村（今京都府长冈京市）的"御茶屋"。等到明治维新后，1871 年政府收回旧八条宫领地，该建筑被赐给细川幽斋的后代熊本藩细川家，于 1912 年再次迁建，并最终成为我们今天在水前寺成趣园看到的古今传授之间。

有着如此复杂多舛命运的古今传授之间最终抵达熊本，但根据西和夫的研究来看，迁建并非是偶然的重复，而是相关人士的有意为之。

首先，第一次从今出川迁建至开田村发生在八条宫家第二代家主智忠亲王时期。智忠亲王希望保留智仁亲王曾活动的"学文所"，但又害怕火灾等"非常之义"，因此将其迁建至郊外的开田村。

这意味着出于对与智仁亲王相关的记忆和"古今传授"这一象征性事件的重视，相关的建筑也被赋予了某种价值。为了防火而迁建的做法使我们看到八条宫家想要将具有价值的建筑物流传后世的强烈决心。值得注意的是，这次迁建工作使用了后来普遍运用于近代历史建筑保存方法中的各项迁建及防灾措施。

熊本藩细川家进行的第二次迁建，则并非为了八条宫智仁亲王，而是为了先祖细川幽斋。由于距离遥远，两间八张榻榻米大小的房间中，仅搬迁了柱子、格窗、地板框、门楣、门槛、天花板及窗户等构件，以及绘有狩野永德与海北友松画作的杉板门和隔扇，并改造了庭园内部的建筑结构。不过因为还是强调该建筑作为举行"古今传授"活动的地点这一属性，所以可以认为这两次迁建都出于同一价值考量。

综上所述，人们既会从人物与行为之类历史记忆与评价的角度来品评古今传授之间，也会从防灾的角度出发进行迁建，可以看到价值评价的对象逐步转移、升华至建筑本身。从这一例子可以看出，人们非常希望保护建筑物。

品评与家族关联的古老：千年家

以上讲述的事例都与居住在城市里的高级阶层有关，但是在江户时代，人们也开始讨论农村建筑的古老属性。

神户市的"箱木家住宅"是一栋农家建筑，也被称为"千年家"。千年家指的是那些建设至今已有千年的古老房屋。除箱木家外，还有姬路市的"古井家住宅"等共计5栋建筑获得了千年家这个称呼，这也是兵库县中南部一带所有极其古老的房屋的总称。

根据箱木家的家谱记载，1690年（元禄三年）去世的箱木伊兵卫从幕府的代官[1]小堀仁右卫门那里得到了千年家这一家号，千年家这个称呼也由此而来。这位小堀仁右卫门是著名茶人及庭园艺术家小堀远州的亲戚，世代任京都代官。

1　江户时代幕府直辖地的地方官。

箱木家住宅

　　在大阪的浮世绘画师兼作家滨松歌国于 1833 年（天保四年）编纂的地方志《摄阳奇观》卷二十一中，关于元禄五年的记载如下：

　　今年发现矢田边郡冲原村一户名为箱木兵部的人家，屋内梁柱刻有大同元年（806）上梁字样……此屋的柱子看上去是古代之物，可称千年家。同村东小部亦然。千年家意为古代的房屋。不仅这村，西边山阴道[1]的山村里古屋也很多。此后不少人到访箱木家住宅，请求欣赏大同年间的竹椽。

———————

1　日本传统行政区划五畿七道之一，位于本州岛日本海一侧的西部。

据此记载，箱木家住宅的房梁上刻有大同元年的字样，柱子等物件看起来也足够古老，可以判断是"古代的物品"，所以被称为千年家。附近还有其他被称为千年家的农家建筑，从这附近到西边的山阴道也有许多古老的农家建筑。末尾部分提到，很多人拜访箱木家，希望欣赏一下屋顶上的建材"竹椽"。

大同年间的说法当然夸大其词了，但根据农家建筑历史研究目前的进展来看，箱木家住宅和古井家住宅的建造时间最少不晚于 16 世纪，是日本现存最古老的农家建筑。其他千年家的建造时期也可以追溯至日本战国时代，到 17 世纪末期时已经过了 100 余年，被称为千年家也说得过去。

但是，比这些事实更重要的是，拥有这些被统称为千年家的建筑的家族，是由中世的地方武士卸甲归田后转变成的地主阶层，他们作为农村社会农民的顶层却一直住在旧屋里，这才是幕府代官真正想要赞赏的。那些溢美之词正是将建筑的古老与家族的古老和稳定相对应。人们在听闻有建筑被评定为千年家后都纷纷前去欣赏，我们从中可以看出彼时人们普遍对古建筑已经有了很高的评价。

可以说，虽然千年家获得的评价与其所有者的家族历史紧密相连，但建筑物自身的历史也会被人们追崇和神化。

综上所述，在江户时代，无论是城市还是农村，都开始从各种角度出发品评古建筑，这一时期也出现了积极保护的思想。

名所图会[1]的世界

我们可以发现对古今传授之间和千年家的评论都是基于与建筑物相关的人物、家族和事件。与评论建筑物本身相比，这种更易理解的评论方式到江户后期已经很普遍了。

但如果想要从人物和事件等角度对建筑物进行评论，仅仅站在古建筑面前是不够的，你需要了解各种各样的历史信息。这时，"名所记"和"名所图会"这样的书籍就在建筑物与历史信息的对接和普及中发挥了巨大作用。

现代日语中的"名所"一词读作"meisho"，指著名的地方，但古日语中"名所"读作"nadokoro"，原指"逢坂关""小夜中山"这些和歌所吟咏的可以唤起某些意象或作为歌枕[2]的地名。地名的发音及其关联的意象受到重视，但该地实际的地理环境与风景并不太受到关注。

然而到了中世，许多人开始前往这些地方考察或撰写游记，至江户时代，这些文字记录丰富了除和歌所用到的地名本身以外的其他信息。浅井了意（？~1691）于1662年（宽文二年）撰写的《江户名所记》记录了经历明历大火（1657）之后的江户，另一本作品

1　江户时代后期以图文集形式记录各地街巷、神社及寺院等名胜及相关趣闻的通俗地方志。

2　日本古典和歌中歌咏过的名胜古迹，这些名词具有特定意象，在和歌中出现时会给予读者某种既定的感受。

《京雀》（1664）则以地方志的形式，按照京都街道名称顺序选择性介绍了京都的寺院、神社和古迹。这两本书都是从外行人的视角进行描述，兼备旅游指南的作用，可以说正是在这一时期名所这个词的发音由"nadokoro"变成了"meisho"。

18世纪后半叶刊行的"名所图会"不仅大量引用《五畿内志》（1736年刊行）等地方志，还附有精准绘制的插图和极为丰富的资料。这些名所图会被大量印制并传播到全世界，再加上相关后续书籍的影响，使得这类书籍在明治时代之前的漫长时间内都具有强大的影响力。

名所图会滥觞于1780年（安永九年）出版的由秋里离岛编撰、竹原春朝斋绘制插图的《都城名所图会》（六卷十一册）。他们两人后又于1791年（宽政三年）、1794年和1796年先后出版了《大和名所图会》（六卷七册）、《住吉名所图会》（五卷五册）和《和泉名所图会》（四卷四册）。

江户也有同样类型的刊物《江户名所图会》（七卷二十册），由神田的町名主[1]斋藤长秋、斋藤莞斋、斋藤月岑祖孙三代编纂，长谷川雪旦绘制插图，于1834年（天保五年）和1836年发行。除此之外，还有按地域划分的阿波、鹿岛、熊野、木曾、纪伊、尾张等地的名所图会，以及根据参拜著名神社寺庙的经典路线编

1　江户时代管理江户町政的官员。

写的伊势、严岛、金比罗、善光寺、西国三十三所、成田等名所图会，覆盖了日本列岛大部分区域。

　　名所图会这种类似旅游指南的功能并不是一开始就存在的，而是内容取舍的结果。取舍意味着对一个地方是否值得探访进行了严格评判，也就是价值评价。多数名所图会选择的都是神社、寺庙和古迹，并将与其来历相关的解说作为描述性文字的中心，即想要获得历史信息，必须以实地探访为前提。

　　接下来看看《都城名所图会》的描述方法。

　　首先看一看对如今京都最具代表性的经典风景"岚山"的描述。一开头就是两张拼接在一起的鸟瞰图。画面正上方是岚山的山顶，

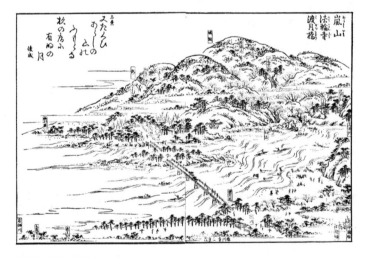

《都城名所图会》中的岚山

资料来源：竹村俊则校注『新版 都名所图会』（角川书店，1976 年）

左侧是位于山麓的法轮寺，中下侧是桂川，正下方是横跨桂川的渡月桥。画面左上角是藤原俊成一首咏岚山的和歌：

无与伦比岚山麓，山寺杉房残月寒。[1]

这首和歌收录在 1313 年（正和二年）京极为兼编纂的《玉叶和歌集》中。

鸟瞰图下面的文章写道："岚山是一座被大井川环抱着的朝北的山（据传龟山天皇将吉野樱移栽至此）。"在简单介绍了布局和移栽吉野樱的故事后，以三首岚山主题的和歌结束了这部分讲解。

象征岚山的渡月桥也有相关介绍："渡月桥是大井川上的一座通往法轮寺的桥，亦被称作御幸桥或法轮寺桥。"这里仅介绍了桥的位置、通往何方和别名，附上《风雅和歌集》中"前大纳言为兼"[2]的和歌，完全没有提及建筑的外形特点。

至于法轮寺，《都城名所图会》则用了较长的篇幅介绍，详细讲解了寺院的来历，寺内建筑却仅提到落星井、轰桥和参笼堂三处。寺内当时应该尚存由加贺藩前田家资助建设的堂舍，但文中却并未提及。

1　原文为「またたぐひあらしの山のふもと寺杉のいほりに有明の月」。

2　即前文提到的京极为兼，大纳言为官职。

如上所述，从《都城名所图会》对岚山的描述来看，虽然选出了值得观赏的内容，并结合专有名词精心进行了绘画式的描写，但却很少提及风景与建筑物的具体特征。选择这些内容只是因为它们是古典和歌的描写对象罢了。

这种继承以往名所（nadokoro）观，开篇以优秀文学作品和绘画为主题进行评论，而非开门见山地评论风景和建筑的做法甚至延续至今。在这一观念指导下创作的《都城名所图会》，对岚山的描述显然保留着与和歌相关的浓郁历史气息。

对平等院的品评

那么，《都城名所图会》又是怎样介绍京都其他建筑的呢？

虽然京都值得自傲的历史能追溯到平安时代，但屡次的战争与火灾的袭扰使得京都中心城区内能追溯到中世的建筑屈指可数。如今，在相当于"洛中"的中心城区，公认能追溯到中世的建筑物仅有教王护国寺（东寺）的部分大门、莲华王院本堂（三十三间堂）、大报恩寺本堂（千本释迦堂）及六波罗蜜寺本堂等少数几处。

关于这些地方的描述都能够在《都城名所图会》中找到。不过，《都城名所图会》虽然记录了作为寺院起源与供奉对象的佛像等事物，但对于建筑仅仅提了一下名称，再无其他。这样对建筑态度并不积极的《都城名所图会》却唯独对京都郊外的平等院进行了更进一步的介绍。

位于京都府宇治市的平等院是平安时代的 1053 年（天禧元年）由关白[1]藤原赖通主持修建的寺院。其中由 4 栋建筑组成的凤凰堂作为平安时代的代表建筑被认定为国宝，并被铸在 10 日元的硬币上，得以家喻户晓。

《都城名所图会》在描述平等院时，不仅附有两张极为精美的鸟瞰图，还讲解了建筑物的来历。除了逐一介绍源融（822~895）、藤原道长（966~1028）、藤原赖通（992~1074）等相关人士之外，还将载有具体时期和内容的史籍出处也一并列出。可以说这一做法体现了作者希望准确记录建筑来历的态度。

余下的讲解介绍了与建筑和佛像有关的内容。由于文章很长，以下仅引用部分。

> 佛殿仿凤凰之形，以左右高楼回廊为两翼，后侧回廊为尾。屋脊上立有凤凰一对（铜鎏金）随风起舞，故名之曰凤凰堂。
>
> 本尊阿弥陀佛坐像，身长六尺，定朝[2]造也。堂内门框装饰横木上饰菩萨像二十有五。四壁及三扇门扉绘有净土九品相，画师长者为成绘之。上以矩形彩纸题写观经

---

1 日本古时官职，名义上是天皇的辅政大臣，实际上是朝廷的真正掌权者。
2 日本平安时代后期的著名佛像雕刻师，其造像风格被称为"定朝式样"。

《都城名所图会》中的平等院

资料来源：竹村俊则校注『新版 都名所図会』(角川書店，1976 年)

　　文，为中纳言俊房[1]笔迹。华盖、璎珞等嵌七宝，虽古物，
犹美丽庄严，无可比拟也。（凤凰堂乃永承年中赖通公所
建，未历回禄之灾。南方奇观也。）

　　该书在平等院众多文物之中，选出了佛殿（凤凰堂）、本尊阿弥陀佛
（木制阿弥陀如来坐像）、二十五尊菩萨像（木制云中供养菩萨像）、净
土九品相（凤凰堂中堂壁扉画）、华盖及璎珞（木制华盖）这五件进
行讲解。我们并不清楚为什么选这五件，但它们肯定是评价极高的。
有趣的是，这五件现今在日本同样被认定为平等院文物中的国宝。

―――――――

1　即源俊房，平安时代后期著名书法家。

讲解中除了罗列解说建筑外形特征时需要提及的相关人物（定朝、源俊房）外，还有"虽古物，犹美丽庄严，无可比拟也""赖通公所建，未历回禄之灾。南方奇观也"此类描述。虽说有主观判断成分，但在描述建筑和佛像绘画造型之"美观"后，还强调了其作为"古物"自落成以来不曾遭受过一次火灾，以如此古老的形态保存下来。这里的"奇观"一词恐怕意在强调其珍贵性。

如上所述，从江户后期作为旅游观光指南开始流行的"名所图会"中，可以发现当时人们对历史建筑的普遍看法。

始于解说和歌地名的名所图会，在继承古典文学中和歌世界的同时，也积极记录着神社寺院等地的来历，即历史信息。名所图会的读者造访当地时，在亲眼所见的样子之上加上历史信息去赏鉴的做法或许正是由此确立下来。虽然书中记载的历史信息舛讹百出，但从中确实发现了古物的部分价值。

话说回来，这些历史信息并非神社寺院等机构自身的历史，也很少直接记录建筑、佛像与绘画这类具体对象，还经常把机构和建筑的来历搞混。对建筑的品评，也仅仅停留在择几处提醒大家值得一去上，至于值得的理由却不甚明晰。18 世纪出现的名所图会一直持续出版到明治时期，因而可以说上述评价方式到明治中期都未曾变化。

但是，在描绘平等院时，名所图会不仅叙述了机构的历史背景、明确肯定了凤凰堂的价值，甚至还在阐述历史经过、人物关系、造型特点之外，进行了总结性评价。如此涉猎甚广又条理清晰的评论方式，被认为是明治以降，日本近代批评方法的萌芽。

匠人世家与日本国学[1]研究者的理解

品评古建筑的价值观至江户时代中期逐步确立。在这一时期，人们明确认识到建筑的形态会随时代而变化，出现了尝试弄清楚相关变化路径的思辨性考察方法。

在江户幕府负责建造房屋的官方机构中，甲良家和平内家世袭大栋梁[2]职务，形成"建仁寺流"和"四天王寺流"两大权威流派。两个家族将建筑设计中各种各样的技术见解汇总后详细记录，传承下来。

甲良家于17世纪中叶汇总编纂了《建仁寺派家传书》，提出日本建筑是以"上代"[3]传承下来的样式为基础，又学习中国的宋朝，严格来说是从中国引入禅宗建筑等建筑式样，由此产生变化的观点。书中甚至介绍了在法隆寺的建筑中能看到的8世纪式样的"上代斗拱三跳[4]"，以及在东大寺能看到的12世纪末引入的式样"大佛斗拱三跳"。这是尝试从历史因素来解释这些罕见而特殊的建筑

1　江户时代中期产生的学问，以《古事记》《日本书纪》《万叶集》等日本古典文献为研究对象，尝试阐明日本固有的文化传统。

2　幕府建造机构的官职之一，负责设计管理和工匠调度。

3　一般指飞鸟时代后期至奈良时代，约7世纪中至8世纪末。

4　斗拱结构中自栌斗斗口、交互斗口向内或向外跳出的一层栱或昂，中文一般称为"出跳"，出跳一层为一跳或一踩。

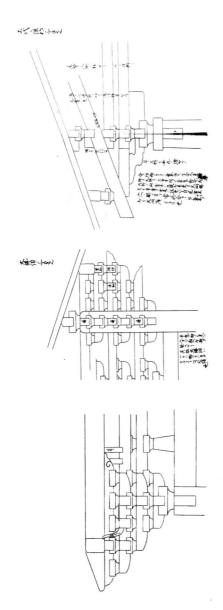

"匠用小割图"中的檐斗拱

"匠用小割图"是江户时期任御大工（统领木匠）的甲良家 17 世纪编纂的《建仁寺派家传书》中"大工书"的一部分，收录大量建筑设计细节图稿

左图描绘了普通的檐下斗拱。中图和右图的两个特殊结构则写着"大佛斗拱三跳"和"上代斗拱三跳"，分别为 12 世纪末的东大寺大佛殿重建时所用

和古代所用

资料来源：河田克博编著『日本建築古典叢書 3 近世建築書 堂宮雛形 2 建仁寺流』（天龍堂書店，1988 年）

形态。

虽然这些匠人世家对建筑的了解仅在流派内传承了下来，但根据 18 世纪之后日本国学研究者的考察，那些已不复存在的建筑仍然在与江户后期以后的政治活动产生联系，具有巨大的影响力。

高桥宗直（1703~1785）出生于山城国[1]的一个富农家庭，后来成为世代负责为朝廷准备仪式用御膳的庖丁道[2]家族的养子，精通"有职故实"[3]。18世纪中期，他运用这些知识绘制了平安时代宫殿与官府的复原图。这一成果由藤原贞干继承，并最终集大成于里松固禅（原名里松光世，字固禅，1736~1804）于 1797 年（宽政九年）写就的《大内里图考证》。

《大内里图考证》的成果，还被运用在因天明大火（1788）焚毁的京都御所的重建工程中。被称为"宽政重建"的京都御所重建工程在当时盛行的尊皇思想指导下，希望将建筑恢复至曾经的光辉时代即平安后期的样貌，正是里松固禅的研究内容为重建工程提供了依据。

虽然《大内里图考证》对平安时代建筑的布局、仪式（规范）、用具等相关内容的记载相当准确明了，但却缺少关于建筑的细节与整体形态，或者说和技术相关的史料，这使得"宽政重建"后的京

1　律令制国之一，位于今京都府南部。

2　专攻厨艺和餐仪等相关技艺的流派。

3　指对日本历史、文学、官职、朝廷礼仪、装束传统等进行考察的学问。

都御所展现的是江户时代的建筑形态和技术。

经历了"宽政重建"的京都御所，虽然不能说是精准重现以往风貌，但也确实展现了江户时代的人们所不曾见过的样貌。对过去的探索最终提供了崭新的内容。

这一探索不仅追寻消失的建筑，还探究神社和住宅的起源。

服务于幕府建造机构的平内家弟子深谷平太夫治直于 1739 年（元文四年）撰写了《社类建地割》，书中有为岩窟与竖穴加上屋顶的"天神七代地神五代社造始之图"，这是他所推断的日本建筑的原始样貌。辻内传五郎于 1804 年（文化元年）撰写的《鸟居之卷》则载有神社的最初样貌"天地根元家造"。之后，泽田名垂于 1842 年（天保十三年）在《家屋杂考》中提出了日本历史建筑的发展路线，认为自平安时代出现"寝殿造"后，经镰仓及室町时代的"武家家作"，至战国时代的"书院造"，如此一直发展至江户时代。

这些前人研究反映出当时尊王攘夷的政治思想，更重要的是认识到从过去各个时代到现在（江户时代），在不同的时代存在着不同风貌的建筑。这种理解正是以历史变化为前提，多角度来看待"当下"的建筑的。过往曾经存在的建筑被放在这一线性变化之中，"古建筑"首次作为"历史建筑"被重新认识和评价。

上述江户时代的情形，显示了发现历史建筑价值的经过和理解历史的第一个阶段，可以被认为是对历史事物的关心和向过去的回归。这使得将京都御所与部分神社恢复到过去理想形态的复古建设活动得以进行。但与之相对，人们虽然对历史建筑的价值有所认知，但此时并没有明确的保护意识。真正开展保护工作要等到明治维新后社会剧烈变动，近代建筑学登场的时候了。

第二章　古社寺的保存

将目光投向社寺建筑

保护历史建筑的最初目标就是保护社寺建筑。

本堂和本殿[1]等社寺建筑现在都被看作典型的文化遗产，日本的重要文化财[2]中的建筑多半都是社寺建筑。毫无疑问，日本对历史建筑的保护是从保护社寺开始的。

江户时代的日本就已普遍认可社寺建筑的文化价值，这一点在第一章介绍"名所图会"等著作时已有所提及。但到了明治时代，社寺建筑的保护却并不顺利。江户时代的"寺社"向明治以后的"社寺"转变的过程极为艰难，这段时间里消失的建筑数量之巨，直接激发了人们的保护意识。

包括社寺建筑在内的许多历史建筑早已融入人们的生活之中。它们的突然消失引发了日本社会对历史建筑价值的思考和认可，人

---

1 指寺院、神社中安置本尊或供奉主神的殿宇。

2 根据日本《文化财保护法》，文化财包括"有形文化财""无形文化财""民俗文化财""纪念物""文化景观""传统建筑群"，其含义与中文"文化遗产"并不完全一致，故本书保留"文化财"一词。

们开始有意识地采取措施阻止它们消失。这一观念最早萌芽于保护社寺建筑的过程中。

本章具体讲述了明治维新时期发生在社寺的乱象与破坏行为，并按时间顺序详细探讨了社寺的组织结构与对历史建筑的保护。

虽然在这段时期出现了"古社寺"的概念，不过它的含义在短时间内就发生了巨大的变化，由机构变成了社寺所拥有的历史建筑。本章将重点讲述这一过程，以及在这一过程中用来评估建筑价值的建筑学知识。

江户时代的寺社

在讨论明治之后的社会动向前，我们先简单了解一下江户时代的寺社。

江户时代的寺社以"本末制"和"寺檀制"两种制度为基础，被编入江户幕府的政治社会组织中。

本末制是将所有寺社都归入相应佛教宗派之中的制度，宗派以思想或人物来系统区分。各宗派从顶端的"本山"[1]开始，经"本

1　指于特定佛教宗派内，被赋予特殊地位的寺院，等同于该宗派的大本营或传法中心。中国一般称为"祖庭"，但意义并不完全一致。下文的"本寺"与"末寺"则分别是各宗的大寺院与其下属的寺院。

寺""触头"[1]，至底端的"末寺"，呈金字塔结构。江户幕府依靠这一制度得以通过顶端的本山统辖数量庞大的末寺。

此外，江户时代的一些神社以及修验道一类的山岳信仰教派也基本和寺院一起被置于佛教宗派的管理之下，因此"寺社"这一称呼并不仅是简单的"寺院和神社"，也表示二者被整合在一起。所以寺院的佛教元素和神社的神道元素同时出现在一个宗教空间里也不足为奇。世界文化遗产严岛神社还保留有江户时代之前的景致，其神社本殿背后耸立的正是象征佛教的五重塔。

另一项制度寺檀制（寺请制）建立的直接目的则是为了取缔基督教，规定民众必须以家族为单位在"菩提寺"[2]登记，成为该寺的"檀家"[3]。菩提寺大多是位于本末制底端的末寺，其数量在 17 世纪出现了爆发式增长，因此 17 世纪结束时日本的社寺建筑数量达到了顶峰。

寺社在整个江户时代都执行了本末制和寺檀制，以幕府和各藩统治工具的身份发挥着作用。但同时，作为民间社团集会的场地，教育机构寺子屋[4]的开设地等，寺社也与民众的生活有着密切的关系。甚至在江户这样的大城市中，许多寺社内常设有店铺，显然发

---

1 各宗被选中的特定寺院，职责是联络幕府与本宗各寺院，传达法令或上呈文书，相当于联络处与办事机构，是各宗派实际上的事务机关。

2 日本民众埋葬祖先遗骨，家族代代供奉之寺。

3 与寺院结成固定供奉关系的家庭。

4 江户时代在寺院开设的让平民子弟接受教育的民间机构，近似私塾。

挥着供人游览观光的功能。

但到了江户后期，寺社的状况逐渐产生变化。

18 世纪末，自 1780 年（安永九年）光格天皇（1771~1840）即位，主导朝廷的复古主义[1]思想日益活跃，在此思想指导下不仅重新营建了京都御所，而且否定神佛习合[2]、抨击佛教与寺院的废佛毁释思想也广泛传播。受影响最大的水户藩在 18 世纪末至 19 世纪中期强行捣毁了 190 座寺院，其他各藩亦不乏追随者。

此外，朝廷于 1744 年（延享元年）重新开始派遣在中世就已经消亡的"奉币使"（天皇派遣至神社的官方使者），并于 1804 年（文化元年）和 1864 年（元治元年）继续两度派遣。派遣奉币使的做法助长了日本各地的废佛毁释运动，各地开始以复古主义美学为原则，建设不施装饰的神社建筑。宇佐神宫本殿（1861）、贺茂别雷神社（上贺茂神社）本殿（1863）、春日大社本殿（1863）都是这一时期的实例。

到了江户时代末期，情况更加恶劣。因财政状况极度恶化，以及开国造成的经济体系崩溃，幕府和各藩大幅削减了对寺社的财政支持。再加上安政年间各地发生大地震造成的破坏，到明治维新前夕，许多寺社已经到了仅能勉强维持管理的地步。

1　指希望日本恢复到历史上天皇曾经掌握大权的中央集权时代的思想。该时代佛教和儒学对社会的影响尚不明显，神道信仰占据主体地位。

2　神道信仰与佛教信仰相融合的现象。

江户浅草寺是江户时代初期由幕府资助建造的大型寺院，至18世纪时，凭着平民百姓的香火钱和土地带来的收入，尚能维持对寺院的维护，但经历了1855年（安政二年）的地震后，一直到明治维新，浅草寺都处在仅能维护本堂和僧房的窘境中。

神佛的明治维新

明治维新进一步加速了寺社处境的恶化。加速的关键点是1868年（庆应四年，明治元年）颁布的"神佛分离令"。

维新之初曾标榜自己政教一体的明治新政府于1868年4月10日发布政令："禁止将佛像作为神道信仰的神体崇拜，即刻撤走神社内的佛像、鳄嘴铃、梵钟等佛具。"同年闰四月四日又要求"各地大小神社禁行神佛混淆之典仪"，责令此前长期融为一体的寺院与神社分离。这一命令极大地改变了日本宗教空间原有的样貌，自此"寺社"一词变为神社加寺院之意的"社寺"。

神佛分离令颁布后，许多被拆分出来的寺院走向衰亡，而神社则在国家介入下开始重组。1871年，制定了以统领国家神官的官币社（大、中、小及特殊）和管理地方神官的国币社（大、中、小）为中心，并将由府县社、乡社及村社构成的诸社与其他无格社区分开来的"社格制度"。

社格的设想基于日本古代的中央集权思想，忽视了中世以来各地神社巡礼路线的多样及由此产生的各神社不同的个性特点。尤其是 1873 年制定的与社格制度相呼应的"限制建面"制度，要求神社本殿规模大小要与社格等级相对应，如此一板一眼的规定全盘抹杀了各个神社的特点。尽管在人们激烈的抵制之下，限制建面的规定并没有得到大范围的落实，但可以说这种规定的产生本身就反映出当时的时代思潮。

在明治时代，连看似待遇优渥的神社也发生了如此大的变化。明治中期之后，又进行了将小型神社整合为大型神社的神社统合和神社合祀。人们普遍认为明治时代全日本减少了七万座神社，江户时代尚存于日本各地的小型神社和祠在短时间内迅速消亡。

但对社寺造成最大打击的还是领地被收归。

江户时代有权势的寺社除本身所占据的土地外，还能掌管山林和村庄等领地。在幕府和各藩消亡之后，明治政府于 1871 年和 1875 年进行了两次社寺领地收归，社寺区域外的其他土地都不再归其所有。即便是社寺本身，也只被允许保留狭义的社寺区域即本堂所在地，其他土地也都被收归国有。

社寺领地收归极其严苛地要求除"祭典法事必需之场所"外的土地全部收归国有，接受收归的社寺达 18.4 万余座，土地面积合计约 14 万公顷。自此之后，社寺领地缩到了最小，仅能执行宗教仪式。

就这样，明治维新时期寺院和神社的生存状态急剧变化，大量社寺财政状况严重恶化。最重要的原因是武士阶层的消亡导致香火钱减少，尤其是各个大名家的菩提寺失去了来自地方藩的稳定巨额供奉。此外，还有很多位于城下町等市街区域的社寺因为政府的收归行动而失去田产收入。与之相反的是以平民捐赠的香火钱为主要收入来源的净土真宗寺院，它们不仅延续了江户时代的状态，甚至还在明治时代迎来了繁荣的高峰。

社寺内样貌的剧变（1）：日吉大社与兴福寺

社寺被明治维新带来的剧烈社会变化裹挟、摆布，其内部样貌短时间内发生了巨大的变化。关于这一过程中具体发生了什么，或许可以从几处社寺的经历中找到答案。

大津市的日吉大社是比叡山延历寺的镇守社[1]，两者原本是一体的。但自江户时代起，该社的僧侣与神官之间就多有龃龉，神佛分离令导致双方矛盾激化。最终，神官与世俗人士一起将本殿里的佛像、佛具和佛经全部清理掉，日吉大社的僧侣与神官彻底决裂。虽然社殿建筑本身还在，但佛教的痕迹被清除了，宗教空间的状态也就大为不同了。

奈良兴福寺则见证了更为激烈的变革。

曾经与春日大社一体的兴福寺，作为藤原氏的氏寺自古以来都

1　供奉当地守护神的神社。

日吉大社东本宫本殿。神佛分离前，大殿室内和地板下方都呈现神佛混杂的多信仰形态
照片来源：Wikimedia Commons

香火不断。1868 年神佛分离令刚一颁布，兴福寺就陷入了僧侣全体
请愿复饰（转任神官）的混乱状况，供奉在春日大社的佛具等器物
被移除。到了第二年，兴福寺更是深陷"暴徒得势，或焚佛像、神
体，或毁经卷、佛具"的混乱状况，1872 年 9 月寺院被拆除，大量
建筑被拆毁或变卖。

这一景象被记录在《神佛分离史料》中：

　　该寺的五重塔以廿五日元价格售出，买主希望获得塔
上的金属部件，打算拆毁此塔。因其所费不赀，于是准备
放火焚塔，等到金属部件被烧软掉落后拾取，但町人害怕

兴福寺五重塔

照片来源：Wikimedia Commons

大火蔓延，上告抗议，最终阻止了这一行为。

大致意思是兴福寺五重塔作为如今古都奈良的象征，其金属部件却一度被出售，不知如何拿到金属的买主甚至试图纵火。由于附近居民因害怕火势蔓延而表示反对，五重塔才最终避免了被烧毁的命运。虽然五重塔在千钧一发之际被留了下来，但斋堂等堂舍建筑大部分都消失了，兴福寺的样貌已不复从前。

因兴福寺统辖奈良周边许多寺社，其自身的混乱状况也影响了其他寺社。内山永久寺就是其中之一，随着僧侣的离去，该寺院内建筑群全部被废弃，成了大寺院消亡的代表事例。奈良其他寺社如多武峰寺，整座寺院几乎完全清除了佛教的痕迹，改为谈山神社。

社寺内样貌的剧变（2）：鹤冈八幡宫、浅草寺与宽永寺

接下来介绍另一处神佛分离后样貌发生剧变的宗教场所——镰仓的鹤冈八幡宫。

鹤冈八幡宫是与源赖朝等人同出河内源氏的源赖义建立的神社，所供奉之神后来成为武家源氏的氏神，现在依旧香火鼎盛。

自建成之日起，鹤冈八幡宫的领地内就一直有寺院。明治维新之前，在本殿前的平地上整齐矗立着大塔（多宝塔）、护摩堂、经藏等佛教建筑。但在 1868 年至 19 世纪 70 年代左右，除了本殿对面

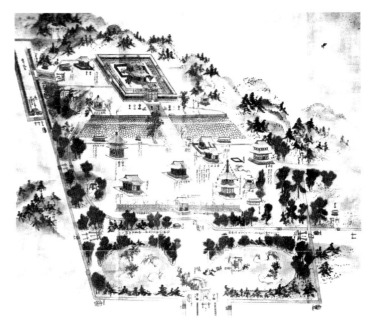

鹤冈八幡宫领地图（部分）
图中可看出江户时代平地上存在佛教建筑群，这部分如今仅剩下中央的舞殿
资料来源：辻善之助·村上専精·鷲尾順敬編『新編　明治維新神仏分離史料』
（名著出版，1983-1984 年復刻）

的舞殿，这里其他佛教建筑均被拆毁。如今从若宫大路远眺看见的鹤冈八幡宫已经是明治时代神佛分离后的近代产物了。

再介绍一处由于领地被收归政府而导致变化的寺院。

东京都的浅草寺如今是云集海内外游客的著名寺院。在经历两次火灾之后，浅草寺于 17 世纪中叶明确划定了寺院的范围，差不多比现在大了五倍。但如此广阔的区域并非全都是寺院本身，而是有许多商铺和出租屋。19 世纪初仅仅是居住于此的世俗人士就有 5000 多人，正是这些地租支撑起了浅草寺的财政收入。

面对这种情况，明治政府于 1871 年通过颁布收归令收走了浅草寺大量的土地，甚至于 1873 年在这些土地上建了公园。曾作为正门的雷门，其内侧如今成了商店街，还出现了集会厅等建筑，如果不是收归令和建立公园，恐怕我们也看不到这种奇妙的景象。

除此之外，由宗教场所改成公园的还有东京的上野公园（宽永寺）、芝公园（增上寺）、深川公园（富冈八幡宫），大阪的住吉公园（住吉大社），京都的圆山公园（祇园感神院等）等大量例子。其中宽永寺是明治维新时期社寺领地发生剧变的一个典型例子。宽永寺在江户时代是德川家的菩提寺，也是当时天台宗的本山之一，但在戊辰战役之时因为旧幕臣据守此处，最终被一把火化为灰烬，后来几乎整个寺院范围都变成了上野公园。

对社寺的调查和明细账

明治时代伊始，政府尚未决定应将宗教放在国家新体制的什么位置，宗教定位发生反复，引发了巨大的混乱，最终造成宗教场所景观剧变，许多建筑或被拆除，或被舍弃而破败。为了结束这种混乱状况，日本政府开始计划将现存的社寺转变为近代宗教组织，希望以此维持其存在。

在结束了过激的神佛分离后，1872 年后日本政府发布通告，禁止随意买卖社寺所拥有的财产，限制社寺内树木的砍伐，明确了要保护土地、建筑、工艺美术品和森林资源。1878 年发布的《社寺处理细则》规定，原则上允许自由建立社寺，但要满足两个前提条件"以永久保全财产为目的"和"社寺之体"。"社寺之体"即本殿或本堂，可以说这是第一条关于维护建筑的规定。

虽然通过 1870 年的《大小神社明细调查申请方案》和 1873 年的《寺院明细清单》两项规定，明治政府已经开始掌控社寺了，但直到《社寺处理细则》颁布，并以此为依据于 1879 年颁布了《神社寺院内外遥拜地等明细公文》，要求全国的社寺提交"明细清单"给府县及内务省后，明治政府才准确地掌握了全国社寺的信息。

现在很多社寺仍然保留着当时提交明细清单的存根。由存根可知清单中分条记录了社寺所在地、社格或宗派、名称、主神或主佛、其他信仰对象、建立渊源、来历、宗教场所所在土地及建筑等永久基本财产、其他用具和宝物、宗教场所外领地、日期、负责人的姓名等内容，有一些末尾甚至附有本堂或本殿等建筑的平面图。

虽然明治政府要求社寺提交明细清单是为了掌握社寺的资产情况，并非重视社寺的历史价值，但将社寺的相关信息汇总到内务省和府县处的做法，大大有益于之后的历史建筑保护工作，意义重大。

"古社寺"概念的出现

在经历了明治初期的混乱后，到了 19 世纪 80 年代，社寺终于以近代宗教组织的面貌示人。在这段时间里，虽然以平民信众为主要受众的社寺逐步摆脱了危机并走向稳定，但那些在江户时代曾受权力庇佑的大社寺依旧处在窘境之中。到了 19 世纪 90 年代，许多因为失去管理者而被弃置的建筑终于快要撑不下去了。

从明治中后期拍摄的照片中可以清楚地看到它们所面临的窘境。修建于 8 世纪的奈良县五条市荣山寺的八角堂，屋顶的瓦片缺失，建筑也倾斜得几乎马上就要倒下。许多社寺内的建筑都处于这样的状态，如果得不到维护，必然会倒塌消亡。

实际上明治政府很早就对社寺进行了援助。第一例发生在神佛分离运动最高潮时的 1869 年，明治政府从国库调拨了一笔资金用于修缮京都府石清水八幡宫的筑地[1]。石清水八幡宫因供奉源义家而闻名，同时也守护着平安京西南方向的"里鬼门"。由于日本皇室每年元旦在宫中举行"四方拜"时都会遥拜此处，多半这笔资金也是以尊皇的理由下拨的。石清水八幡宫是神佛分离最彻底的神社，曾与之为一体的护国寺完全消失了。这笔资金也算是在神佛分离的风暴肆虐之际对神社的支持。

自此一直到 1871 年，明治政府从国库调拨资金资助了伊势神宫、冰川神社、出云大社、熊野本宫大社以及管理数座皇陵的泉涌寺。因为这些社寺在江户时代都和皇室有着千丝万缕的联系，所以

1　一种土造的围墙，外侧用木板包裹，顶上有瓦片。

破损的荣山寺八角堂
资料来源：奈良国立文化财研究
所建造物研究室编『奈良県文化
财保存事務所蔵　文化財建造物保
存修理事業撮影写真』（2001 年）

也可以说这一资助是在延续以往的规矩，维持社寺的日常管理。而且除了泉涌寺，其他的神社都属于社格制度中的官币大社，理应由国家提供稳定的资金支持。只有泉涌寺不仅被排除在皇室祭祀之外，曾经管理的皇陵也被收归。从泉涌寺的经历中可以看出神佛分离的极端之处。

　　然而，明治政府的财政资助对象仅限于有官国币社身份的神社。想要政府拨款资助其他社寺需要合适的新理由，选定资助对象也需要新标准。"古社寺"的概念应运而生。

　　就古社寺这一概念的产生过程，近年来的研究取得了显著进展。本书将以西村幸夫、清水重敦和山崎干泰的研究成果为基础来讨论该过程。

古社寺的概念产生于 1878 年明治天皇巡幸北陆道[1]的时候。随行人员中，岩仓具视、大隈重信、伊藤博文等人目睹社寺的疲弊，痛感必须保护现存的社寺，于是与管理内政的内务省和管理财政的大藏省共同提出了多项举措。举措之一是内务省于 1878 年发布通告，除了官国币社外，同样禁止"文明十八年（1486）以前创建的社寺"将土地转让给民间。该分类是古社寺概念范围的第一次出现。

我们并不清楚为什么是文明十八年这一时间节点，但之后内务省的相关规定逐渐将古社寺的定义固定下来，古社寺即文明十八年以前创建的社寺。19 世纪 70 年代末，根据宗教组织创建年代确立的"古社寺"概念诞生了。

《社寺保存内规》

虽然古社寺概念是以宗教组织创建于文明十八年之前为基准，但不久其定义就加入更多的内容。1880 年 5 月提交的《古社寺维护办法相关章程》是内务省就古社寺维护运营问题提出的草案，其附件材料《社寺保存内规》提出了以下 7 种"应保护的场所"：

1　日本古代行政区划"五畿七道"之一，今福井、石川、富山、新潟四县。

第一种，四百年前建立的社寺；

第二种，史书有载的可以称为名胜古迹的社寺；

第三种，内部景致风雅秀丽，可以称为一地之名胜的社寺；

第四种，因为皇室供奉或武家皈依，曾拥有大量朱黑印地[1]，但在维新后难以为继的社寺；

第五种，不是为了供奉神佛，而是出于纪念目的建立的与神佛有渊源的碑石塔龛等古物；

第六种，辖有皇陵或贤相名将等人墓葬的社寺；

第七种，因天皇祈愿或由皇子宫嫔、贤相名将等人发愿建立的，历来是皇室仪式举办地的社寺。

以上内容由日本内务省于当年 7 月发布，并很快生效，由此可以将其看作当时对古社寺的公认看法。

具体来看这些内容，可以发现第一种提出了 400 年这一客观数字，我们知道这个数字是从"文明十八年以前建立"计算的；第二种虽然也是要求符合历史条件，但比较模糊，是"史书"有过记载的著名社寺，这条规定多半是为了涵盖那些著名但历史较短的社寺，防止它们因为不符合第一种的 400 年要求而被排除在外。

---

1 江户时代受幕府或大名承认的寺社领地。

第三种的"内部景致风雅秀丽""名胜"都是对社寺内景观的评价。这里的"风雅"一词以自然景观为中心涵盖了多种内容，"名胜"则指江户时代名所图会类著作记载的那些人文景观；第四种指的是明治维新之后，那些失去幕府诸藩庇护陷入困境的社寺，但值得注意的是，这里把"皇室供奉"和"武家皈依"并置，可以看出该规定并非仅从与皇室关系的亲疏出发；第五种是社寺之外的石碑等各类纪念物；第六种是管辖皇陵的社寺；第七种是皇室成员或其他重要人物发愿建立的、与皇室仪式有关的社寺。

如上所述，最初的"古社寺"概念是一张以社寺建立历史超过400年为原则编织的大网，再从那些本该自网中漏下去的社寺中，捞起由于失去权力庇护而陷入困境的社寺、江户时代享有高人文评价的社寺、各种各样的纪念碑和皇陵，以及与皇室仪式有关的社寺，共同组成"古社寺"的概念。除了400年这一标准是新出现的，其他内容显然继承了江户时代的审美趣味，也没有特意强调后来影响不断增强的民族主义以及与皇室的联系。

这七条中只有第四条提到了现状，从"维新后难以为继的社寺"这条明显可以看出，"古社寺"概念是从面临危机的社寺中选出那些值得留存至后世的社寺。此处也明确提出了对宗教组织的"保护"方针。

《社寺保存内规》颁布后的一年内，日本政府就按规定选出了符合标准的社寺并发表相应公告。官方对于这些古社寺的补助机制就是提供"古社寺保护资金"。

古社寺保护资金的支出细分为两部分：包括作为基金的"永久保护资金"及各社寺"修缮重建"等项目所需费用在内的直接维护费17000日元，以及用在酬劳、定期仪式和法会方面的间接维护费2000日元。不过该制度在刚开始运行不久的1882年，永久保护资金的支出就占了总支出的七成以上，毫无疑问这是为了维持古社寺的宗教组织功能，重建社寺建筑所用。

在选定古社寺的时候，还提到了保护"旧社古刹等古时建筑"。1883年后，提出对于"存在古时建筑的社寺"，古社寺保护资金可以拨款修缮特定的历史建筑。或许建筑史学家清水重敦教授的看法比较得当，他认为古社寺保护资金是一体两面的，一方面作为基金维持古社寺中的宗教组织，不拘用途、少量但广泛地拨款给数量众多的社寺；另一方面则负责分配资金用于修缮特定历史建筑。

但这一时期，确定什么建筑是"古时建筑"只能看历史传承，而且除了建造年代古老之外也没有什么特别的价值判断标准。当保护的对象从宗教组织转向建筑时，社会也开始讨论哪些建筑值得保护。

古器旧物与宝物

上述古社寺概念都来自19世纪80年代内务省颁布并执行的社

寺相关政令。不过，这一时期还有从其他角度出发的研究。

神佛分离期间，佛像佛具等器物遭到了直接破坏，而且在文明开化风潮影响下，明治初期的日本社会弥漫着轻视所有传统文化的思潮。与这一思潮相悖的是 1871 年文部省官员町田久成（1838~1897）提出的，希望以 1753 年创建的大英博物馆为模板，建立展示博物学相关内容的博物馆，并附设图书馆的构想。该提议促成了相关调研机构博物局的建立。同一时期，明治政府以太政官布告的形式颁布了《古器旧物保存办法》。

日本政府基于该法令，要求各社寺提交艺术品等相关器物的目录，1872 年还为挑选文部省博览会的展品进行了一次调查筛选工作（"壬申检查"）。此外众所周知，这一时期正仓院启封了。

法令中的"古器旧物"一词是为了"考证制度风俗沿革"才提出的，该定义显然是基于器物的学术价值，因为除佛像佛具、书画、典籍、陶瓷、漆器和刀剑等被后世定义为工艺美术品的物品外，还包括了古瓦片、农具、工匠用器械、衣服和度量衡。但考虑到要放在博物馆展出，所以只选择了可移动之物，不可移动的建筑就未被选入。

虽然开设博物馆的构想与举办博览会有关，但展览结束后，调查筛选工作仍在继续，所选择的对象逐步变成值得保护的重要物品，即"宝物"。

1888 年设立的"全国宝物临时调查局"由日本宫内厅图书寮附

属博物馆的九鬼隆一（1852~1931）负责。该调查局向日本全国各地派遣调查员，至1897年时，除建筑外共调查了215091件工艺美术品。

总体来看，日本在19世纪90年代已收集了社寺明细清单、针对古器旧物的"壬申检查"结果以及全国宝物临时调查局的调查结果等资料，完成了以古社寺为核心的全国建筑、古器旧物及宝物所在地统计。现在，面对浩如烟海的资料，亟须确定的是应该将其中哪些选为保护对象。

全国宝物临时调查局在调查的同时对调查的物品还进行了"品鉴察"工作，即评估价值，从中筛选出约8000件重要物品。这些物品构成了帝国博物馆（1889年设立）的展品。帝国博物馆继承调查局业务之后也在继续进行相关评估工作。

由恩内斯特·费诺罗萨（Ernest Fenollosa，1853~1908）和冈仓觉三（后更名冈仓天心，1863~1913）等人主持的评估工作，帮助日本效仿西方，按"绘画""雕刻""工艺美术"等分类建立起能够纵观历史变化的日本美术史。评价一件作品的标准从此与其在日本美术史上的地位挂钩，日本美术史成为调查、研究、评价、保护、展览这一循环过程中的关键因素。围绕着评估并选出应受保护的工艺美术品这项工作，产生了日本美术史学，相关研究人员也成为该领域的专家。

建筑既不包含在古器旧物检查结果和全国宝物临时调查局的调

查中，也不是日本美术史学的主要研究对象，但选定古社寺保护资金的支出对象即需要保护的建筑这项工作又迫在眉睫。值此关键时刻，学术领域中的近代建筑学出现了。

近代建筑学与康德

江户时代，建筑工作的核心人员是那些有着高超技术和丰富经验的工匠。虽然这些工匠也会编纂如本书第一章提过的"大工书"等著作，通过文字记录将自己的实践经验体系化，但更多的时候他们还是在施工现场，在实际工作中把知识和技能教给后辈。

新兴的西方建筑技术则是由那些通过阅读相关书籍理解基本原理的日本西学学者，以及江户幕府末期来到日本的外国技术人员引入日本的。但在江户幕府末期到明治初期，不少在日本活动的外国技术人员其实并非单纯的建筑师，这些在殖民地活动的技术人员大多数称得上是包揽全部土木工程工作的全能选手，比如曾被明治政府委托建造大阪造币局和东京银座红砖街的汤马士·华达士（Thomas Waters，1842~1898）。

可想而知，看到他们参与建造的建筑，先不论外国人怎么想，光是有过留欧经历、见过西方建筑真貌的日本人都知道这是仿制品。1872年前后日本开始谋求修改不平等条约，同一时期，寻求真正的西方建筑的运动也在轰轰烈烈地展开，但这场运动还需要领导者。日本在这一时期以富国强兵为目标开始建设近代产业，计划设立高

等教育机构"工部大学校"以培养高等技术人才及技术官员，这些
举措也培育出了精通西方建筑的建筑家。

日本规划设立工部大学校的时候，欧洲的工学教育也尚在萌芽
期。德国直到 19 世纪末才开始授予工学学位，美国 1861 年才建立
麻省理工学院。这一时期工学教育的教学内容和课程体系都还处在
摸索期。其中，为了建立英国格拉斯哥大学工学院而四处奔走的威
廉·兰金（William Rankine，1820~1872）提出的办学理念最为前
卫，日本工部大学校的建立正是基于他的理念。

工部大学校聘请兰金的弟子亨利·戴尔（Henry Dyer，
1848~1918）为副校长[1]，于 1873 年开始招生，第一批学生于 1878 年
毕业。虽然校名先后改为帝国大学工科大学、东京帝国大学工学部
及东京大学工学部，但该校始终是日本近代产业领军人物的摇篮。

工部大学校最初是六年制，由土木、机械、造家、电信、化
学、冶金、矿山、造船七大学科和附属的工部美术学校构成。其中
造家学科就是后来的建筑学科，第一任教授是英国人乔赛亚·康德
（Josiah Conder，1852~1920）。

康德毕业于南肯辛顿美术学校和伦敦大学。当时英国的建筑专
业设在美术系下，很重视美术水平与实操能力。毕业后的康德在致
力于复兴中世纪哥特建筑和介绍日本风的威廉·伯吉斯（William

1　日语为"教头"，亨利·戴尔职务为副校长，但实际上担负了校长的职责。

康德像，位于东京大学校园内
建筑专业楼前

Burges，1827~1881）手下工作。1876 年他获得了索恩奖（The Soane
Medal），这个奖项对许多年轻设计师来说是梦寐以求的行业敲门砖。
不久后康德前往日本，担任已经开始办学的工部大学校造家专业教
授一职，不仅为造家专业奠定了教学基础，还负责设计了象征着文
明开化的鹿鸣馆（1883）和最早的东京帝室博物馆主楼（1882，毁
于关东大地震）等代表日本国家形象的建筑。

康德抛却在母国创造的辉煌历史，赴日后几乎再未回国，他既

是建筑师，也是浮世绘大师河锅晓斋的弟子，还撰写过与日本庭园相关的著作，长期旅居日本，1920 年于东京离世。康德以其在母国的辉煌经历和对日本的执着，成为明治时代赴日的诸多外国人中最特别者。作为日本近代建筑之父，康德现在在建筑界依旧无人不晓。

折衷主义建筑学

那么，康德给日本带来的 19 世纪建筑学又是什么样的呢？

虽然现在的工学教育也很重视实验等动手技能，但还是以自然科学领域的理论研究为主体。康德的教学内容则十分强调实操，与现在的课程差距很大，他的教学以"术、式"等实操内容为核心，再加上西方画法、力学、材料学甚至在建筑工地的实践经验。这些课程内容基本上和康德在母国学到的无异。

刚上任的康德将具体教学科目分为制图、材料学、实务、住宅配置、装饰术、建筑史这六大项。其中，制图除了绘制建筑平面图，还包括命题设计，这门课程即使在现在的建筑学教育中也是最受重视的。材料学是学习自然科学，后来又分成构造力学和材料工学，这门课程是现在建筑工学教育的核心，但在当时的授课比重并不高。实务是教授合同和施工现场管理等实务相关内容。上述三者如今依然是建筑学学习的课程。

至于住宅配置、装饰术和建筑史，现在则或已不再是建筑学课程，或内容有了很大变化。住宅配置是从西方历史建筑的形态中学习平面布局和建筑群布置规划，装饰术是从西方历史建筑中学习装饰建筑外墙的方法，建筑史是学习西方从古希腊、古罗马时代以来各时期建筑风格的特点，这二门课程可以使学生对西方历史建筑的风格烂熟于心，熟练掌握其细节形态和整体比例。在具体教学过程中，即使是制图的课程也综合了住宅配置、装饰术和建筑史的内容，由此可见掌握过去的建筑风格有多么重要。

设置这种建筑学教育的背景是西方建立的 19 世纪建筑师形象。19 世纪的建筑师被要求设计的建筑既要满足近代社会需要的新功能，又要把过去的风格重构并融入外墙和内部的装饰之中。

这里所说的风格，不仅是要将建筑视为具有特殊形态的部分之集合体，在其统一的方式与各部分的比例之中找到蕴含的近似之处并分类，更是要重视风格产生的时代原因和背景精神。基于这些历史风格，重构并设计出新建筑的思路被称为"折衷主义"。19 世纪的建筑师在设计建筑时正是以这种思路为基础的。

对于折衷主义的建筑师来说，过去的著名建筑是新建筑的模范和样本，所以毫无疑问要保护历史建筑。这便是建筑学如此青睐历史建筑的根源。

辰野金吾和伊东忠太

虽然工部大学校造家专业的学生们从康德那里学到了折衷主义，但康德只教西方的历史建筑风格，并未涉及日本建筑的内容。

　　1879年工部大学校造家专业的第一届毕业生仅有四人，其中成绩最优异的是以设计东京站闻名的旧佐贺唐津藩藩士辰野金吾（1854~1919）。辰野金吾毕业后远赴英国，在恩师康德曾效力的威廉·伯吉斯事务所工作，三年后回到日本，于1884年代替康德任工部大学校造家专业教授。他一直任教到1902年，任职期间除培养后辈外，也承担了多项设计任务，还参与了确立关于建筑的各项社会制度和创建学会等工作。

　　辰野金吾在英国的时候有一件著名的逸事：英国人问他关于日本建筑的问题，他却什么都说不上来。这让他感到十分羞愧，并意识到如果只学习西方风格，就只能成为"劣化版的西方人"。

　　于是，回国后担任造家专业教授的辰野金吾聘请了出身工匠名门的宫内省技术官木子清敬（1845~1907）来授课，自1889年起，工部大学校造家专业开始教授日本建筑史的课程。虽然据说木子清敬只讲江户时代的木构建筑特点，但听课的人里有伊东忠太、关野贞和松室重光等人，他们在保护日本历史建筑和确立日本建筑史学上均发挥了巨大作用。

　　在这三人中，我们首先介绍伊东忠太（1867~1954）。

　　因设计印度风格的筑地本愿寺本堂（1934）和震灾纪念堂（东京都慰灵堂，1930）等外观造型奇特的建筑而闻名的伊东忠太，1892年从帝国大学工科大学造家专业毕业后，继续攻读研究生，第二年发表了《法隆寺建筑论》，并于1901年取得了日本有史以来首个建筑领域的博士学位。1897 年他成为母校的讲师。不久后的 1902 年，他开始进行为期 3 年的亚洲徒步旅行，途中遇到了率领大谷探险队的大谷光端（后来的本愿寺住持），深得其赏识。伊东忠太后来设计筑地本愿寺一事也与其有关。

伊东忠太在《法隆寺建筑论》中提出法隆寺西院建筑群是日本最古老的建筑群。他得出这项研究结论不仅依据能反映建筑年代的文字史料记载，还基于对建筑本身的调查和分析。

伊东忠太的研究方法是先将建筑分为柱子和檐下斗拱等细节部件，再详细地记录其各自形状，进而记录建筑各部分的高宽尺寸等数据。他将各部件的形状及各部分比例等数据与大量建筑进行比对，把有相似特点的归为一组，也就是提取风格，再将各种风格与特定的时代相对应，推导出建筑的历史变迁。

通过这种方式去仔细观察法隆寺西院的建筑群，会发现不仅柱子上被称为微凸线（entasis）的隆起和云形斗拱等细节的风格独一无二，柱子间隔与屋檐高度的比例等处体现的和谐之美也是其他建筑所没有的。这些独特之处告诉我们法隆寺西院的建筑群很有可能是日本最古老的建筑群。

虽然伊东忠太这项研究只是应用了西方建筑风格史的方法，并没有新颖之处，但该分析方法最大的意义在于它适用所有建筑。这使得人们能够分类整理日本的历史建筑，并将经验运用到新建筑的建造上。

筑地本愿寺。采用了佛教发源地印度的建筑风格

照片来源：作者自摄

　　对 19 世纪的折衷主义建筑师伊东忠太来说，对历史建筑进行调查和研究是设计建造新建筑的前提，历史建筑理所当然应受到保护。而且他认为只有历史建筑最原始、最纯粹的风格才是设计新建筑的模板，所以经历了数次改造的历史建筑必须要"复原"。从中我们可以看出建筑学追求保存和复原的态度。

　　如前文所述，伊东忠太于 1895 年担任全国宝物临时调查局鉴定委员后，在日本全国范围内展开了对社寺建筑的调查研究。调查过程整体运用《法隆寺建筑论》等文章中提出的方法，调查了大量历史建筑，逐一按风格整理，最终基于整理结果选出保护建筑。

　　此外，伊东忠太觉得用"造家"一词翻译 architecture 太过功利，提议用具备艺术与思想含义的"建筑"一词替换"造家"。这一主张得到了大家的认可，帝国大学工科大学造家专业遂于 1897 年改名为建筑专业。

《古社寺保存法》

以西方历史建筑风格为基础的建筑学，以及伊东忠太受其研究方法启发构建的日本建筑史，这二者的存在使得专家们能够评估历史建筑的价值，选定需要保护的对象。这意味着此时日本已经具备了保护历史建筑的前提条件，只是还需要最后一步，即建立相应的社会制度。实现这一步的推手是民族主义。

尊王攘夷是明治维新希望实现的目标，也是江户幕府末期的主流政治思想。其中"尊王"思想作为国家基础被写入日本帝国宪法，以制度形式确立下来，但"攘夷"思想在萨英战争[1]后就失去了实现的可能。明治维新后的日本甚至步入了完全相反的方向，在文明开化风潮影响下，积极主动地将欧美的文明成果视为先进的象征。

不过即使是西化，日本也有意识地谋求"和魂洋才"，即在保留日本价值观的基础上，仅借用西方文明的先进技术。前文辰野金吾在英国的逸事就发生在这种背景下。到了明治中期，随

1　1863 年，日本强藩萨摩藩和英军发生冲突，英军小胜。这起事件导致萨摩藩放弃攘夷，并成为明治维新的推手。

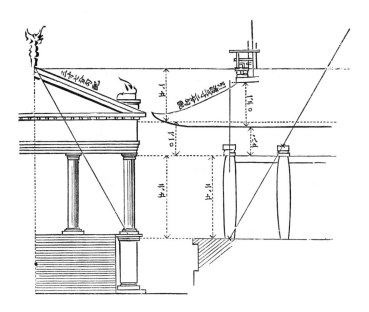

《法隆寺建筑论》插图。希腊神庙（左侧）与法隆寺建筑（右侧）的比例比较示意图

资料来源:『建築雑誌』83 号（造家学会, 1893 年）

着社会的安定，日本渐渐地不再一边倒地西化，逐步回归日本自身。

1888 年《日本人》杂志刊行，该杂志反对欧化政策，主张日本民族主义。志贺重昂的《日本风景论》(1894) 从地理学和地质学实践的角度赞扬了日本各地的风景，不仅继承了江户时代的审美趣味，还提供了新的视角去品评日本山河之美。

1895 年结束的日清战争[1]进一步加速了日本向自身的回归。清朝作为中国的大一统王朝，虽然步入了衰退期，但仍然是东亚拥有绝对权威的领导者，因此日清战争中日本的胜利带来的影响极大。再加上战后三个强国的介入和干涉，使得日本社会中的民族主义情绪呈不断上升趋势。

正是在日清战争战事最激烈的时候，京都府代表竹村藤兵卫及另外三人在 1895 年 2 月第八次帝国议会会议上联名提交了《古社寺保护相关提案》。

在民族主义情绪高涨的背景下，该提案宣称"皇国美术冠绝万邦"，并谈及那些藏有艺术品的社寺面临的窘境。我们可以看到其中对当时状况进行了这样的分析："本国美术源于这些古社寺的存废器物，这些器物的散逸与否关系到皇国的荣光。"作为京都府议员代表，竹村藤兵卫恐怕十分明白社寺的窘境。以往人们说保护古社寺时，会从维持宗教组织出发，但他在这里的主张却弱化了这一点，改为为了保护民族主义的象征——"皇国的美术"才援助"古社寺"。

不过在这一提案的具体细则中，依然要求扩充用于维持宗教组织的古社寺保护资金，将资助全国 4663 座古社寺的维持保护费用提高到前一年的 20 倍，可以说目的和手段有所脱节。

该提案在提交至委员会后不久，于 3 月的帝国议会会议上获得

1　即中日甲午战争。

通过。新闻记者出身的委员长土居光华（1847~1918）向审议席陈辞："如果想要保护那些被称为美术的事物，保护与之相关的古社寺是最简便的方法。"他还指出具体应"保护建筑和什器"。从土居光华的言论中我们可以知道，他的目的自始至终都是保护"建筑"和"什器"，而古社寺这一限定范围只是为了实现这一目的。

提案获得通过后，同年 4 月在内务省成立了由保护专家组成的"古社寺保存会"，5 月选出了包括伊东忠太在内的保存会委员。1897 年《古社寺保存法》生效，保护工作正式开始。

《古社寺保存法》的评价标准

《古社寺保存法》最引人注意的是将保护对象由古社寺这一宗教组织改为"建筑及宝物"（第 1 条）。还有一个特点是将保护对象分为"特别保护建筑"（不可移动的建筑）和"国宝"（可移动的宝物）（第 4 条）。

这就引出了一个问题，特别保护建筑的选定标准是什么？该问题的答案在《古社寺保存法》第 4 条：

社寺的建筑及宝物，尤其是值得称为历史之标志或美术之典范的，应咨询古社寺保存会，由内务大臣指定为特别保护建筑或国宝。

它们要么是历史之标志，要么是美术之典范，价值源自它们能够体现不断发展的民族主义。

不过这两条规定在具体操作时作为价值判断标准还是太过模糊和抽象。因此，政府又颁布了《古社寺保护资金申请细则》作为《古社寺保存法》的补充，其第一条规定如下：

古社寺保护资金仅可用于维护全国著名神社寺院所属名胜古迹中的古建筑、碑刻，以及神社寺院所传宝物、古文书、图画、雕刻及其他什物，同时应符合下列任意一项：

一、与历代皇室成员及武家的武士有深厚渊源者；

二、闻名国史且传承明确者；

三、壮丽精妙、堪称美术之典范者；

四、与名胜古迹有关联者；

五、曾有式年造替制度者；

六、拥有文明十八年以前建筑的神社寺院；

七、拥有元禄十六年（1703）以前建筑的神社寺院，

且符合本规定第一、第二、第三或第四条中任意一则者。

将这里列举的事项与前面1880年颁布的《社寺保存内规》比较，可以看到第一条要求的是与皇室和武士等历史名人的关系，第四条是

继承了江户时代名所观对风景环境的品评，与《社寺保存内规》基本一致。第二、三、五、六、七条都是新加进来的价值评价标准。

第二条中的"国史"一词并非指现代意义上的日本史，应解释为在天皇统治下的日本特有的历史观，这里可以看到民族主义意识的影响，本该由历史学承担的判断之责被交给了"国史"。第三条强调了美术作品本身的完整度，该项判断是基于美术史学或建筑学。至于第五条，之所以提到式年造替的神社寺院，是为了把曾在江户幕府末期重建的上下贺茂神社与春日大社等囊括进来。

值得注意的是第六条。虽然文明十八年这一时间节点与之前古社寺的规定是一样的，但这里并不是指古社寺作为宗教组织创设的年份，而是指建筑物建造的年代。后面第七条的 200 年标准是新出现的，与第六条一样也都是从建造年代开始算，并要求满足第一条到第四条中的任意一条。我们尚不清楚为什么是元禄十六年，除了这一时间节点距当时大概 200 年之外没有很明确的依据。不过众所周知，元禄时代也就是 18 世纪之后日本的建筑留存率要远高于 18 世纪之前，或许这一稀缺性正是将节点定在元禄十六年的原因。

如上所述，《古社寺保存法》不仅沿袭了以往的评价标准，同时在"历史之标志"方面，不以宗教组织的存续时间而是以建筑本身的"年龄"为标准设定了明确的 400 年或 200 年期限，此外还加入了重视皇室和国家的内容，并寻求可作为"美术之典范"的优秀作品。

尽管有了上述的评估标准，但是符合标准者的数量还是太多了，这一标准仅能作为必要条件。

在这里我们可以看一下《古社寺保存法》的条文。在决定谁能获得资助及具体资助对象这两个重要事项上，应咨询"古社寺保存会"（第2条、第4条）。正是由这些历史学家、艺术史学家、建筑学家构成的古社寺保存会，才是评选特别保护建筑和国宝的实际主体。前面提到的木子清敬和伊东忠太，再加上从工部大学校退学后前往美国康奈尔大学学习、回国后活跃在政界和建筑界的妻木赖黄（1859~1916），这三个人就是古社寺保存会初期负责选定建筑的全部委员。

在古社寺保存会设立时，从以往维护宗教组织的观点看，资助古社寺修复建筑和指定特别保护建筑是不同的两件事，《古社寺保存法》也是把两者分开对待（第1条和第4条）。但实际操作时，资助修复对象和选定特别保护建筑却是联系在一起的，因此可以想象木子清敬、伊东忠太和妻木赖黄三人在制度的具体执行上有所改动，但我们并不清楚其中的详细情况。

特别保护建筑的选定

虽然古社寺保存会中负责建筑的成员是前面提到的三个人，但工匠世家出身的木子清敬和仅精通西方建筑风格的妻木赖黄，似乎并没有深入参与特别保护建筑的选择。通过清水重敦的研究，我们可以知道，选择工作的核心人物是伊东忠太等年轻人，而且选择工作的参考资料是积累下来的社寺明细清单，以及1882年那份汇总了符合 400 年标准的建筑的名录。

1897 年前后完成的三份"等级表"记录了特别保护建筑选择工作开展前的准备工作。其中一份是将分布在全国 11 处府县的 189 座建筑物分为甲等 73 座、乙等 48 座、丙等 68 座，并按时代顺序排列。这份表格被认为是伊东忠太自己制作的，因为这里的 11 处府县与伊东忠太调查过的府县吻合，而且时代划分方法也是他独有的。

这份表格根据部件形状、各部分比例、结构风格判断建筑的建造年代，选择的建筑风格涵盖了从推古式到德川式等多个时代的风格，选择的建筑形式除本堂外，还包括塔、门、多宝塔等，门类纤悉无遗。这种按风格分类，在此基础上选出各风格代表建筑的方法显然学自西方建筑学的分类方式。

现存的等级表除了伊东忠太制作的这张，还有当时奈良县技术官关野贞制作的奈良县等级表和京都府技术官松室重光制作的京都府等级表。本书会在下一章详细讲述他们二人。他们与伊东忠太一样，毕业于帝国大学工科大学的建筑专业，价值取向都体现了西方的折衷主义建筑观。不过关野贞制作的奈良县等级表与伊东忠太制作的有较大不同，他选定的对象基本限于那些可以追溯到中世的本堂、本殿等核心建筑。松室重光在京都府等级表中选出的住宅建筑，以及基于与周边环境的贴合程度选出的寺院建筑等，也与伊东忠太的评估标准有许多不同之处。

之后的特别保护建筑指定工作以这三人制作的等级表为基础逐步展开。特别是伊东忠太制定的等级表，表中他所选定的 73 座甲等建筑，到 1904 年时已经有 68 座被指定为特别保护建筑，可以窥见其巨大影响力。

基于《古社寺保存法》进行的特别保护建筑选定工作鲜明地体现了西方 19 世纪的折衷主义建筑观，即在优先选择奈良时代、平安时代的古代建筑和中世大型建筑的同时，也广泛关注其他时代或形式的建筑。

此外，作为《古社寺保存法》制定契机的民族主义，似乎并没有直接影响特别保护建筑的选定，具体工作中也没有特别重视与皇室及国史相关性的迹象。说到底，选定工作在具体落实时，还是将以伊东忠太为代表的建筑专家基于折衷主义建筑学角度做出的价值判断放在最重要的位置。

如上所述，古社寺从明治初期那个破坏的时代，经历艰难曲折，随着以宗教组织为对象的古社寺概念的出现，终于走到了以《古社寺保存法》为制度保障，谋求保护历史建筑的阶段。虽然该法律条文民族主义色彩浓厚，还继承了以前江户时代的名所观，但值得再三强调的是，选定工作确实是以建筑学风格为价值判断标准进行的。

现在人们开始选出应进行保护的历史建筑了，但很快他们就要面临如何修复这些历史建筑的挑战。

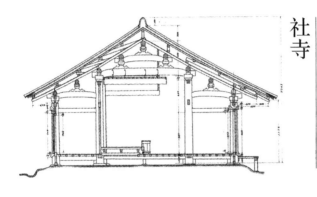

第三章　修复与复原：社寺

木构建筑的修复

    如第一章曾提及的，日本的木构建筑之所以能屹立千年不倒，是得益于定期的维护和修缮。

    木构建筑的修复工作大致分为三种。第一种是修缮破损的结构，恢复其正常功能的"修补"，按需求随时都能进行；第二种是修缮屋面和粉刷墙体这种"部分修复"，一般几十年一次，在日本这种多雨的地区，每二十至三十年就得修缮一次屋面；第三种是一百年至两百年才进行一次的"彻底修复"，包括地基在内全部重修，可以分为连柱子也放倒、将建筑拆成白地的"落架大修"，和只拆除屋顶和墙壁、不动柱子和大梁的"局部落架大修"。

    在日本，建筑的历史能追溯到中世的几乎都经历了数次彻底修复，哪怕是江户时代的建筑到现在也有不少已经经历过一次彻底修复。有赖于这些时间或长或短的定期维护，日本的木构建筑得以延续至今。

    但是建筑的建造技术和用途，以及人们对建筑空间的审美趣味在漫长的时间里会发生巨大变化。比如修复奈良时代建造的建筑时，平安时代会按平安时代的技艺和用途去改造，江户时代则会按江户时代的去改造。所以落架大修在维护建筑的同时，也会造成建筑外观的变化甚至使其完全变样。数次修复在历史建筑身上留下了各个时代的风貌，这既为建筑物增加了无穷魅力，也使得价值评价更加复杂，增加了现代修复工作的难度。

评价建筑和工艺美术品的文化价值时，是以其现存的状态为基准的。工艺美术品哪怕是在漫长的时间中糟朽、损坏，也不会和初始样貌有太大差异，修复工作也会严格遵守原则，不改变现状或仅做细微改变。

但建筑不同，建筑的现状是以往数次修复结果的累加，初看甚至无法分辨各部分的修复年代，只有修复时把构件拆下来才能知道。因此建筑物的修复方案不仅要考虑如何处理各个时代的痕迹，还要思考修复到什么状态合适。在众多选择之中，将建筑完全还原到初始样貌的"复原"颇为显眼。

如上所述，历史建筑的价值评价与修复策略紧密相关。1897年《古社寺保存法》通过后，修复工作便于该法框架下进行，此时爆发了数场关于修复方针的争论，其中大部分都在讨论历史建筑的价值源于何处。针对这些争论，第二章提及的清水重敦、山崎干泰，以及水漉（平贺）甘奈和青柳宪昌等人近年来的研究成果颇丰。本章接下来便以这些研究为依据，讲述由修复与复原引出的关于价值评价的讨论。

建筑学与复原思想

以下将按时间顺序依次介绍明治时代的历史建筑修复工作。

如第二章所述，在《古社寺保存法》颁布之前，古社寺保护资金已被用于社寺建筑的修复工作。尽管修复过程中运用了绘制实测图等新方法，但负责人依旧是社寺的相关工匠，并且和以往一样在必要情况下会改变建筑的样貌，可以说这一时期仍然延续着江户时代的修复方式。

或许是在立法时考虑到了修复的重要性，《古社寺保存法》不仅要求公开和维护特别保护建筑，还要求由"地方长官"指定负责修复工作的"指挥监督"（第3条）。这一规定杜绝了建筑所有者根据个人判断随意进行修复的行为，将建筑修复工作置于由内务省领导，以各府县为行为主体的框架之下。

以奈良和京都为代表的各府县在这一框架下开始了特别保护建筑的修复工作，掌握了近代建筑学的建筑师作为技术官被派遣到各地负责指导具体工作。正是这些建筑师在修复过程中引入了追求恢复建筑初始面貌的"复原"思想。

日语中的"复元"和"复原"异形同义，原本的含义是历法中时间经历了一个循环复会于元首，亦指恢复到原始状态。虽然在第一章讲述京都御所重建工程的时候提到过江户时代已存在与复原类似的思想萌芽，但明治时代的建筑师希望"复原"历史建筑的想法源自在西方发展起来的近代建筑学。

被称为近代建筑学之父的法国人欧仁·维欧勒-勒-杜克（Eugène Viollet-le-Duc，1814~1879）是一位从结构角度分析西方中世纪教会建筑中的哥特式风格，并合理地解释哥特式建筑形态的人物。他甚至将结构理想主义引入以往的哲学和美学风格辩论之中，建立了自己的理论体系。维欧勒-勒-杜克的理想是建造最理性的结构形态，他设想把理想形象作为一种纯粹的风格，不仅将这一观点用于评价真实存在的历史建筑，也用于建造新建筑。他甚至在历史建筑的修复过程中也套用了这一理想化的风格观念，用大胆的手法创造性地复原了已消失和被改造的部分。

在 1857 年的巴黎圣母院修复工程中，维欧勒-勒-杜克以将尖塔修复至 14 世纪风貌的名义，创造性地复原了已不存在的尖塔。2019 年烧毁的尖塔就是这一时期的产物。1860 年他主持进行的皮埃尔丰城堡修复工作也是如此，创造性地复原了该城堡已消失的上半部分。

在当时，有许多批评维欧勒-勒-杜克复原手法的声音，其中最极端的批评是认为他打着复原的名义，进行穿凿附会的创作，修复结果和建筑原貌几乎毫无联系。不过从 19 世纪折衷主义建筑观的角度来看，维欧勒-勒-杜克的"复原"与他们将历史上的风格应用于新建筑的观念并无冲突，他的复原观点也就顺理成章地被明治时代的日本建筑师们接受了。

巴黎圣母院。顶部尖塔于 19 世纪中期由维欧勒-勒-杜克设计复原，2019 年毁于火灾

照片来源：由免费素材（http://publicdomainq.net/notre-dame-de-paris-0020242/）加工而来

关野贞的修复：新药师寺本堂和唐招提寺金堂

在派遣至府县的建筑师中，先驱者便是第二章末尾谈到的制作等级表的关野贞和松室重光。

关野贞（1868~1935）在人们眼中显然是一位学者。历史上，他与伊东忠太同为帝国大学建筑专业的建筑史学教授，他对几处社寺的历史研究和对平成宫遗址的探查工作也深刻地影响了日本历史学发展。但除此之外，关野贞也是一位有着实干精神的设计师。1895年他从帝国大学毕业后，经辰野金吾的介绍负责设计了日本银行总行，还亲自设计了奈良县物产陈列所（1902）。

　　1896 年关野贞参与了古社寺保存会的调查工作，于第二年调查了奈良县的历史建筑后赴奈良县任技术官，负责建筑的建造修缮和古社寺的修复。

　　关野贞在担任奈良县技术官期间完成了《古社寺建筑物保护调查复命书》，提出了自己关于"判断建筑价值"的看法，认为最值得重视的是"技术上的价值"。尽管判断"技术上的价值"时要基于"构思的工拙、结构的优劣和材料的好坏"，但"结构的优劣和材料的好坏"会随着时代的发展而精进，也会受资金多寡左右，所以真正重要的是"构思"，"建筑师完全靠自己的本领创造了建筑

复原后的新药师寺本堂

照片来源：Wikimedia Commons

物，并赋予其高级、优美、奇绝的面貌，使其得以成为艺术品"。也就是说，他认为建筑师靠本领做出的设计才是最有价值的。相较而言，建筑的来历等历史价值（"建筑沿革方面的价值"）是次要的。

不难发现，关野贞的观念受到19世纪建筑师的思想影响，尽管评价建筑价值时会提及结构技术和材料以及历史演变，但更重视构思，即可视的外观和内部设计。这一观点也体现出对隐藏在建筑内部的桁架空间所用技艺和建筑构件的忽视。

持这一观点的关野贞在担任奈良县技术官期间修复了新药师寺本堂、法起寺三重塔、唐招提寺金堂、药师寺东塔、秋篠寺本堂、室生寺五重塔等多处建筑，其中新药师寺本堂是由他亲自主持修复的第一处。

早在1897年12月制定《古社寺保存法》时，新药师寺本堂就被指定为特别保护建筑，是最早一批入选的建筑物。虽然尚不清楚准确的建造年代，但当时根据新药师寺的大致历史沿革和建筑各部分的风格形制等特征，推测该建筑可以追溯到8世纪的奈良时代，这一论断至今未被推翻。新药师寺本堂历史上并未经历大规模改造，但到了1897年，样貌与奈良时代相比依旧有较大变化，建筑正面多了一间狭长的礼佛堂，室内增设了天花板。

修复工作由关野贞主持进行，木匠川村文吉辅助，开始于

修复前的新药师寺本堂

上图（外观）为前侧增设的礼佛堂，下图（内部）为增设的天花板

资料来源：『奈良県文化財保存事務所蔵 文化財建造物保存修理事業撮影写真』前揭

被指定为特别保护建筑之前的 1897 年 1 月。尽管是落架大修，但进度很快，第二年四月就竣工了。关野贞在本次修复中采取的指导方针于 1897 年 5 月刊登在了《建筑杂志》上，内容如下：

> 我的方针是，修复理应严格遵循其旧有风格，即使建筑已因后世的修补而丧失旧有面貌，也应尽力凭借已有的知识复原。

从这段文字中可以看出关野贞的修复目标是完全去除后世改造的部分，将新药师寺本堂复原至初始样貌，即 8 世纪的设计风格。实际修复过程中他不仅改变了外观和内部的设计，还改变了作为设计基准的比例尺寸，大胆地拆换了腐朽的构件，致使修复结果与修复之前的面貌大为不同，很多留存下来的旧料也被抛弃了。

关野贞也以这一思想主导了 1898 年至 1899 年唐招提寺金堂的修复工作。

8 世纪末建造的唐招提寺金堂，至明治时代已历经了 4 次彻底修复，其中 1694 年（元禄七年）的修复大规模改动了建筑的结构，大胆地改换和添设了部分构件。

为了实现复原的目标，关野贞在修复中撤除了元禄时期修复时

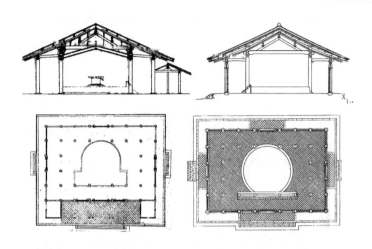

新药师寺本堂，修复前后结构对比

左图为修复前，右图为修复后，撤去了前侧的礼佛堂和室内的天花板

资料来源：清水重敦『建築保存概念の生成史』(中央公論美術出版，2013年) より転載

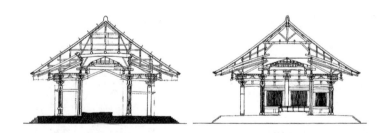

唐招提寺金堂，修复前后结构对比

左图为修复前，右图为修复后，屋顶结构等处发生了较大变化

资料来源：同上

增添的加固材料，更换了柱子的木料，还引入了西式桁架结构替换原有的屋顶结构。本次修复工作废弃了大量旧料，在尚不清楚奈良时代形制的情况下进行了风格性修复，想当然地按风格概念创造了屋顶和屋檐的曲线等形制。

对修复的批评和辻理念

如前文所述，新药师寺本堂和唐招提寺金堂的修复工作是在《古社寺保存法》刚落实时开展起来的，由关野贞基于19世纪的折衷主义理念进行了创造性复原。但是人们已经习惯了建筑之前的样貌，以复原为名义的修复一石激起千层浪，立即招来了人们对修复工作的批评声。

新药师寺本堂修复结束的第二年即1899年，杂志《太阳》于5月刊载了高山樗牛的《论古社寺及古美术的保护》。文中指出历史建筑的修复有三种方针：维持现状、复原如初和异地重建，他对于未经充分讨论就复原的修复持怀疑态度。

不久后，《中央公论》于1900年7月刊发了水谷仙次的《关于古社寺保护》。一般认为这位水谷仙次就是近代文学学者水谷不倒（1858~1943），文章中质疑道：

在复原本初之古式的旗号下，难道不是（历史建筑）面临被摧毁和被彻底改造的厄运吗？

　　后文更是详尽且猛烈地抨击了关野贞所采用的复原方案。他认为修复工作应该秉承维持现状的原则：

　　　　新药师寺的修复中，足利时期的"蟇股"[1]被拆除，镰仓时期的"向拜"[2]也被破坏，被改造的梁、椽更是不计其数。修复时要么是照搬其他建筑的同一式样，要么是仿照三月堂的装饰、模仿唐招提寺的斗拱。就算再三强调自己大力考证，却连建筑特征的依据都如此单一，甚至非但不找寻"巴瓦、唐学瓦"之类新药师寺本有的古代构件，还要去其他地方收集所谓的天平纹样古瓦。

　　这段文字强有力地批评了修复工作以后世（"足利时期""镰仓时期"）增添为理由拆除了"蟇股"和"向拜"这些构件，对于未留存下来的奈良时代的形制，就仿照同时代遗留下来的其他建筑（东大寺三月堂、唐招提寺）临摹创作，最终摧毁了新药师寺本堂原有的多样性。他还提到潜在价值，认为外部看不见的桁架结构中可能

1　也称蛙股，是日本传统建筑的独有结构，形似张开的蛙腿。随佛教建筑传入日本，原为结构性部件，平安时代后期开始转变为装饰部件，是社寺建筑的代表性部件。

2　建筑中央向前或向后伸出的结构，大部分设置于社寺建筑的出入口处，形制上类似中国传统建筑中"抱厦"与"引檐"的结合，功能上可以理解为礼拜堂，供拜谒者参拜所用。

藏着意想不到的技艺。水谷仙次的这段批评放在现代也是极具深度且具有现实意义的。

似乎有很多人都和水谷仙次一样难以接受新药师寺本堂修复之后的面貌，水谷仙次的批评一经发出，便引起了很大反响。但也有人发表文章支持关野贞，反驳水谷仙次。其中之一就是辻善之助（1877~1955），他在《历史地理》1901 年 2 月刊上发表了《谈古社寺保护方法相关社会评论》。

辻善之助后担任帝国大学教授，留有巨著《日本佛教史》。不过彼时的他，还只是前一年刚考上研究生的年轻学者而已。

他在该专题文章中从现实角度出发反驳了水谷仙次的观点，认为：

> 不可能在完全不改变现状的情况下进行修复，而如果只是以维持现状为目标的话，无异于不修复，放任建筑物坍塌。

后文中他以"诸位技术官的意见"为参考，总结了七条修复理念，被称为"辻理念"。该理念篇幅略长，但十分重要，故而在这里复述如下：

一、以维持和保护"古式"为原则；

二、在有明确证据的前提下，才可以拆除后世改造的部分；

三、不确定是原始面貌还是后世改造的情况下，维持现有形制，不予复原；

四、后世改造的部分在不清楚原始面貌的情况下，不予复原；

五、后世改造的部分如果有价值，则按现状保护，不予复原；

六、为了确保建筑结构的稳固，允许使用新技术替换非外观结构原本的构件和技艺；

七、尽可能利用旧料，保留古色。

该修复理念以复原为目标，提出了经得住考验的修复原则，显然并非是年轻的历史学者能够独立完成的。从专题文章开头"与修复主任技术官工学学士关野贞先生有关，故听其说明，再多次在关野老师的引导下遍访相关社寺"等文字来看，说这篇文章是借辻善之助的文字传达了关野贞的思想更为恰当。这篇由《历史地理》收录的专题文章，也完完整整地刊登在了建筑学会主办的刊物《建筑杂志》的同年同月刊上，这或许是关野贞想要向未来主导修复工作的建筑师们传达的信息。

对复原的踌躇：净琉璃寺本堂

尽管复原的理念招致了严厉的批评，但日本各地依旧在《古社寺保存法》的框架下，继续进行着特别保护建筑的选定和修复工作。

另一位与制作等级表有关的人物松室重光（1873~1937），主持了京都府的修复工作。出生于京都府的松室重光比关野贞晚两年从帝国大学造家专业毕业，于次年就任京都府技术官。他和关野贞一样既是学者，也是务实能干的建筑师。松室重光在京都府任职的六年间，除了调查和修复古社寺，也负责设计新建筑，后来还设计了武德殿（1899，重要文化财）和京都府厅本馆（1904，重要文化财），也参与过"满洲国"建筑的设计。

松室重光任京都府技术官后，于1899年开始修复净琉璃寺本堂（即九体寺本堂，位于京都府木津川市，国宝）。我们可以从本次修复中了解松室重光对修复历史建筑的看法。

净琉璃寺本堂是平安时代净土信仰的代表建筑，但自建成以来历经数次修复，普遍认为现存样貌与初始样貌相比已有较大变化。因此松室重光在开始修复前对建筑进行了详细的调查，发现屋顶内部有一部分由于移作他用而保留了下来的"破风"[1]。因为"破风"

1　类似中国传统建筑的"博风板"。

松室重光设计的京都府厅本馆

是用在"切妻式"[1]屋顶和"入母屋式"[2]屋顶两端的结构，所以可以确定建筑屋顶的原始结构并非现在的"寄栋式"[3]。但仅凭现有的构件材料无法推断当初屋顶真正的形状，最终松室重光决定维持现状，按"寄栋式"屋顶修复。

虽然松室重光也以复原为理想目标，但他认为复原要有合理的依据，在缺乏有力依据的情况下，他宁愿放弃复原。这种选择与前文辻理念中的第四条一致，由此可见，辻理念已经是当时修复工作负责人之间的共识。

1　类似中国传统建筑的"悬山顶"。

2　类似中国传统建筑的"歇山顶"。

3　类似中国传统建筑的"庑殿顶"。

净琉璃寺本堂

照片来源：Wikimedia Commons

　　松室重光在京都府主持修复工作期间，十分重视将以往实地测量的结果绘制成图的工作，无论修复方针如何，他都会要求在修复开始前绘制详细的结构图，以备后人查证。或许是考虑到舆论对修复和复原的批评，1903 年颁布的《古社寺建筑修复工作实施办法》中规定了修复方法标准，要求用拍照的方式将"修复工作开始时的样子"和"修复工作完成后的状态"加入图纸中。

结构技术的变更：东大寺大佛殿

　　辻理念的提出平息了针对修复的批评，也基本得到了修复工作负责人的认同。不过第六条所说的允许采用新技术以确保建筑结构稳固的理念，很快又引发了新的问题。

前文提到的 1898 年唐招提寺金堂的修复工作就是按照第六条的宗旨，使用西式桁架结构替换了原有的屋顶结构。1911 年，东大寺大佛殿（金堂）的修复工作则运用了更加大胆的新技术。

1705 年（宝永二年）建造的东大寺大佛殿是日本最大的木构建筑，极为著名，也因此明治时代的这次修复工作吸引了全日本的关注。但这里要强调的是当时对东大寺大佛殿的看法与现代的认知并不一致，在修复工作开始之际，"无用之物""国家之大患"之类的批评观点时常见诸报端。

1902 年，在古社寺保存会委员妻木赖黄和木子清敬的主持下，东大寺大佛殿修复工作开始。1904 年加护谷祐太郎（1876~1936）就任奈良县技术官后重新讨论了修复方案，但不久后修复工作因日俄战争被迫中断，一直到 1907 年才真正开始施工，并于 1911 年竣工。

本次修复工作中面临的最大问题是应如何修复建筑结构原本就存在的缺陷。东大寺大佛殿在 18 世纪初建时，柱子是将数根木料捆绑在一起做成的，原因是当时没有足够高大的木料，不得不出此下策。由于结构问题，东大寺大佛殿一直重复着小规模的修缮，勉强撑过了江户时代，但到了 1907 年，这样的权宜之计已经无法再继续了，必须要对旧有结构进行改造。

对此，妻木赖黄和加护谷祐太郎采用了大胆的结构加固方案，用西方的金属材料替换了原本的日本传统桁架，用铁板加固屋檐，在柱子中间插入钢筋。虽然这一修复并未改动建筑外观，但是极大地改变了建筑结构体系，并且大量地破坏了旧料。

妻木赖黄和加护谷祐太郎之所以在唐招提寺金堂和东大寺大佛殿的修复中毫不犹豫地运用新技术，很可能是因为受到了同时期西方盛行的历史建筑修复方法的影响。

西方那些中世纪风格的大教堂虽然是石质建筑，但在顶部往往建有用于隔雨的木制屋顶，只是该结构无论从外部还是室内都难以看到。19世纪的修复工作并不重视这些不能直接看到的屋顶结构，本章开头介绍的维欧勒－勒－杜克在1837年修复圣德尼教堂的时候，就用钢结构替换掉了脆弱的木结构。妻木赖黄和加护谷祐太郎可能正是在西方观念的影响下，才直截了当地做出了同样的决定。

唐招提寺金堂和东大寺大佛殿的修复工作都强调历史建筑外部可见的构思和设计，相反都认为支撑这些构思的内部工艺是可以改换的。帝国大学毕业的建筑师们，都学习了19世纪的折衷主义和运用新材料（钢铁）确立建筑结构的方法，这种认知对他们来说再自然不过了。正因如此，前述的辻理念中也提出了相同观点。

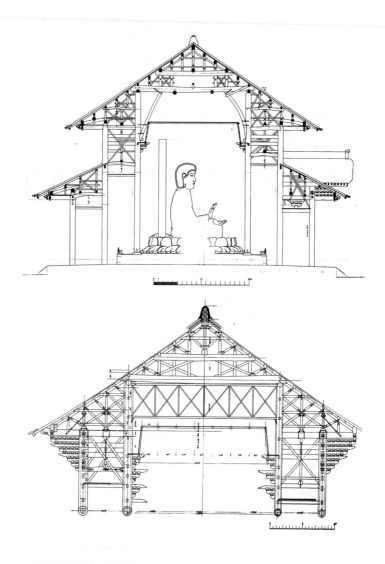

东大寺大佛殿修复前后结构对比。上为修复前，下为修复后，屋顶结构替换为西式桁架结构
资料来源：奈良県文化財保存事務所編『国宝東大寺金堂（大仏殿）修理工事報告書』(東大
寺大仏殿昭和大修理修理委員会，1980 年)

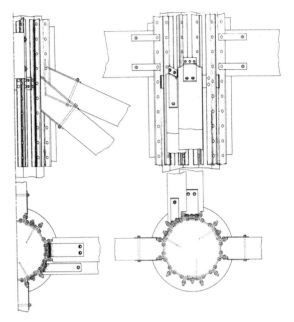

东大寺大佛殿。使用钢筋加固接合处

资料来源：奈良県文化財保存事务所編『国宝東大寺金堂（大仏殿）修理工事報告書』

（東大寺大仏殿昭和大修理修理委员会，1980 年）

历史结构的保护：平等院凤凰堂

事实上，并不是所有历史建筑都按唐招提寺金堂和东大寺大佛殿那样的方法来进行了修复。在明治时代差不多同一时期修复的平等院凤凰堂，在修复过程中采用了完全相反的方案处理结构问题。

平等院凤凰堂作为平安时代的代表建筑，自江户时代起就已闻名遐迩。地基局部下沉导致的建筑歪斜，以及屋檐过深这一固有结构弱点都极大地危害了建筑的保存状态，到明治时代后期，平等院凤凰堂已经亟待大修了。

京都府技术官松室重光原本制定的修复计划是复原建筑的屋顶形制，然后插入钢筋以弥补结构上的缺陷。这和关野贞加固唐招提寺金堂的方法一样，都是选择采用西方新技术改善内部结构状态。

但 1904 年实际的修复工作由武田五一（1872~1938）主持，采用了不一样的方针。

1897 年毕业于帝国大学的武田五一自西方留学归来后，1903 年就任京都高等工艺学校（今京都工艺纤维大学）教授，次年兼任京都府技术官，之后不仅主管京都高等工艺学校和京都帝国大学的建筑教育，也亲自设计了许多建筑。

与松室重光正相反，武田五一在修复平等院凤凰堂时采用的方针是"保护历史结构"，包括构件在内维持现状，同时插入新的木材用于加固。武田五一的理念是不可因外观不可见而忽视内部结构及其建造技术，尽可能减少修复工作对构件的损伤，新添加的材料也要做好标记以方便识别，不强求复原建造之初的屋顶形状。

比起让理念的第六条，武田五一更重视的是第七条——尽可能利用旧料。虽然武田五一也追求复原初始样貌，但他并非仅仅重视建筑内外可见之处的形制完整度，也重视建造技术的历史性。他的修复原则是不改动外表不可见的内部结构所用的技术，而且尽可能利用旧料。

如果用新料替换掉旧料，就彻底失去了能够推断历史状况的证据。虽然我们现在无法从旧料中提取有用的信息，但未来也许可以。自此，越来越多人开始重视水谷仙次所提到的旧料的潜在价值。

对"古意"的评价：日光东照宫

历史建筑的"古意"也是早期修复工作的关注对象。

在岁月的打磨下，建筑构件的表面逐渐老化。时光造成的破坏带来历史沧桑感，也从视觉上将历史建筑和现代新建筑区分开来。前文所提到的批评复原的理由之一就是重新粉刷墙壁、更换新的构件会使建筑物完全丧失古意。修复时也要考虑如何处理好伴随着构件老化而生的古意。

我们或许能从滋贺县的修复工作中找到这一问题的答案。滋贺县与奈良县、京都府一样拥有大量历史建筑，尤其有许多镰仓、室町时代的大型本堂建筑存世，因此很早就开始了特别保护建筑的选定工作。滋贺县历史建筑的修复工作由 1900 年毕业于东京美术学校（今东京艺术大学）的安藤时藏（1871~1917）主持，京都府技术官龟冈末吉（1865~1922，毕业于东京美术学校）和天沼俊一（1876~1947，毕业于东京帝国大学）二人兼管，三人共同负责。

滋贺县修复工作的理念基本与辻理念一致，如以复原为修复目标，倾向于使用新技术改造内部结构等，但在处理构件表面状态方面与辻理念有所不同。

针对构件表面褪色、色彩剥落的情况，滋贺县的修复方案是仅用动物胶等黏合剂将剥落部分重新粘回，"阻止其剥落"，但并不修复构件表面的色彩。用于加固的新材料在更换上后表面会进行"色彩做旧"[1]，将新材料伪装成古构件，以保持建筑物古老的外观。保留构件表面修复前的古老状态这一做法，可以说已经从立场上与复原思想分开了。

1899 年开始的日光东照宫修复工作则与滋贺县的修复工作完全不同。

日光东照宫由德川家营建，江户时代幕府曾投入大量资金用于维护，到了明治时代却连去留都成为问题。这座历史建筑引发了多次争论，最终政府决定将其保留下来。东京帝国大学的教授塚本靖（1869~1937）负责了日光东照宫的调查工作，但修复工作直到 1908 年本职工作为设计神社建筑的内务省技术官大江新太郎（1879~1935，毕业于东京帝国大学）抵达日光后才正式开始。

自 1915 年开始，在建筑学会主办的《建筑杂志》上，连续两年刊登了《日光庙修复辩疏》，总结了日光东照宫的历史演变及其价值，并陈述了以色彩为中心的修复思路。大江新太郎认为日光东照宫的价值在于其丰富多样的装饰，讨论了包括色彩做旧在内各种修复方法的优劣。他表示日光东照宫的现状堪忧，色彩已经剥落到了连基底都裸露出来的地步，所以主张应该选用和建造之初同样的颜

1　日文为"古色塗り"，是将柿漆、三氧化二铁和松烟等物混合在一起，涂在建筑构件上做旧的方法。

日光东照宫阳明门的装饰

照片来源：Wikimedia Commons

料和技法重新绘制。这一做法意味着连材料的质感都要完全复原。

最终的修理结果是建筑变得像新建筑一样，古老的风貌不复存在。

修复后的日光东照宫招致了包括艺术家和外国人在内的各方的批判。使用钢筋混凝土结构的先驱远藤於菟（1866~1943），用"花里胡哨""中毒一般鄙俗"这类辛辣的字眼来评价修复后的日光东照宫。

我们重新比较一下日光东照宫和滋贺县的修复方针。

日光东照宫的修复将建筑的风貌和色彩完全修复到了建造之初的状态。繁杂的工作程序和庞大的技术人员组织在这一过程中得以保留下来，可以说是回到了江户时代在幕府庇护下的状态，对于技艺和技能的传承有着重大意义。但是修复完的建筑却完全丧失了古意，一眼望去所谓的历史建筑和新建筑毫无区别。

滋贺县的修复则十分重视建筑物本身能体现历史感的古意。不过连新增的材料也做旧，将现代修复的地方伪装成历史建筑的一部分，却招致了"这难道不是捏造历史吗"之类的批评。但如果新材料不做旧的话，恐怕就会修复成新旧部分彼此割裂的补丁式建筑了。

综上，对于构件表面老化所带来的古意，并没有某一种理解可以称为正确答案，多种价值观念是共存的，从不同角度思考会得出不同的答案。

《国宝保存法》

如前所述，日本在明治时代末期到大正时代基于《古社寺保存法》开始了保护历史建筑的工作，对历史建筑的价值评价因与修复工作关联，视角也变得更为广阔。

《古社寺保存法》的实施对象仅为社寺及其所拥有的物件，这一问题的弊端也凸显出来。仔细回想《古社寺保存法》制定时的讨论，会发现该法本身就是为了救济处于困境的社寺才提前颁布的，古社寺这一概念归根到底只是保护文物的手段（参考第二章）。也就是说，该法自立法之初便是以保护工艺美术品和建筑为目的，古社寺这一限定毫无意义。

到了20世纪10年代，进入大正时代之后，旧大名等上流人士拥有的工艺美术品大量流往海外。对此，民众希望扩大法律定义中所有者的覆盖范围，从社寺扩大到地方和地方组织，甚至民间团体和个人。在这一背景下，1929 年（昭和 4 年）颁布了《国宝保存法》。

《国宝保存法》将"值得称为历史之标志或美术之典范的物件"（第 1 条）作为保护对象，与《古社寺保存法》在基本认识上达成一致。不同之处是不再用"特别保护建筑"这一定义，而是把所有历史建筑都统称"国宝"，并且不再限定所有者。以此为依据，在社寺所拥有的物件之外，地方和地方组织所有的城堡也被纳入了保护范围，这点意义重大，我们会在下一章详细讨论。

还有很重要的一条是"改变国宝现状必须经过主管大臣的许可"（第 4 条）。这条可以称为"对改变国宝现状的管制"，考虑到修复会导致的建筑价值改变，因此要杜绝所有者和修复人员随意做决定的情况，力求从多方面慎重审查论证后再制定修复方针。

对改变国宝现状的管制一方面反映了西方历史建筑保护方向的新趋势，另一方面也回应了此前所述的社会舆论对修复的批评。而且《国宝保存法》既然继承了《古社寺保存法》，所以也成立了和古社寺保存会一样，由当时将考古学包含在内的历史学、艺术史学和建筑学专家组成的"国宝保存会"，负责审查改变国宝现状是否合适。

由于历史建筑的保护转移到了《国宝保存法》这一新框架之下，所以在该框架下开始的"法隆寺昭和大修理"的修复理念和方法都极具意义。该修复工作的核心人物是浅野清，下文将基于浅野清的报告，以及近年来由青柳宪昌所查明的史实细节进行讨论。

法隆寺"昭和大修理"的开始：法隆寺东大门

在《古社寺保存法》中就能看出法隆寺的独特地位。在法隆寺内，以世界上最古老的木构建筑群——西院为中心，共有29栋建筑被指定为特殊保护建筑。对现存西院建筑建造日期的争论也引人关注，认为建造时期为七世纪上半叶之前的"非重建说"和认为建造时期为七世纪下半叶之后的"重建说"始终针锋相对。这些话题都使得法隆寺长期处于舆论焦点。

在明治时代初期的荒废状态结束后，虽然一些正不断破败的建筑得到了小规模修复，但直到明治时代末期，法隆寺都基本处于需要彻底修复的状态。尽管大正时代零散地维修了南大门等建筑，但法隆寺建筑群一直到《国宝保存法》制定时才得以进行全面修复。修复工作于1934年（昭和9年）开始，但受到二战影响一度停滞和中断，因此一直持续到1956年才最终结束。值得一提的是，本次修复中充分运用了当时最前沿的学术成果。

由于工期过于漫长，法隆寺昭和大修理的负责人几次更换，修复方针也随之多次易辙。

最初负责修复工作的是武田五一，前文曾提及他主持了平等院凤凰堂的修复工作。身为建筑师的武田五一，认为多次修复造成的建筑外观变化是反复临时改造的结果，他期望建筑恢复本来面貌。
但是，武田五一对创造性复原持否定态度，认为复原需要有合理的
依据，因此平等院凤凰堂的屋顶就并未复原为建造之初的形制。

　　修复团队对建筑构件上的残留痕迹进行了细致入微的调查，逐
步查明了建筑最初所使用的构件形制和技艺，并运用化学分析还原
了当时的色彩，甚至尝试进一步复原建造之初所使用的工具。这些
成果都最终体现在 1934 年法隆寺东大门的修复中，虽然后世添加的
结构加固材料没有拆除，但屋顶和屋檐的形状以及表面的色彩都大
致复原了 8 世纪的样貌。

修复前的法隆寺东大门

资料来源：『奈良県文化財保存事務所蔵　文化財建造物保存修理事業撮影写真』前掲

现在的法隆寺东大门

照片来源：Wikimedia Commons

　　不过，在负责审查国宝现状变化的"国宝保存会"委员中，以黑板胜美（1874~1946）为代表的一批历史学和考古学专家依旧极其抵制这种复原。在他们的抵制下，1938年修复的法隆寺大讲堂就未能复原至初始样貌。

　　这样一来，虽然在武田五一主持修复期间，调查技术的发展提高了复原精度，但关于修复方针却陷入僵局。打破这一困境的，是自1938年开始的历时4年的传法堂修复工作。

传法堂的复原

　　传法堂是将奈良时代早期显赫一时的橘夫人（县犬养三千代）的宅邸迁移至法隆寺东院之后，改造成的佛堂。该建筑在昭和大修理之前，已经经历了五次以上的大修。此时的平面布局与初始样貌相比有了很大变化，但因为梁柱等主要结构的保存状况良好，人们希望在修复期间进行细致的调查，以揭露之前完全不了解的奈良时期建筑的实际样貌。

传法堂修复期间，由古宇田实（1879~1965）任工程办事处负责人。他自东京帝国大学毕业后，对西方建筑风格和庭园进行了研究，后又任神户高等工业学校（今神户大学）的校长一职。在古宇田实的主持下，修复团队开始对传法堂进行调研，并根据建筑构件上的残留痕迹判断传法堂能够在一定程度上复原。但是当复原工作开始后团队发现，如果要复原如初，恐怕必须大量更换现存构件，因而又提出了维持现状的方针。这或许是由于古宇田实了解英国等国家否定复原工作的舆论倾向，以及技术官大洼正雄对复原和落架大修的否定态度，才最终制定了这一修复方针。

但1941年后，修复团队又一次变动。新负责人大冈实（1900~1987，毕业于东京帝国大学）和浅野清（1905~1991，毕业于名古屋高等工业学校）上任后，修复方针又一次变化。

修复团队按浅野清的要求彻查了建筑构件，查明了每一处建筑构件所属的历史时期，基于这些分析制定了复原方案。除部分屋顶曲线外，新方案的数据几乎完全精准，包括地板和大门等细节处的规格，不仅记录了建筑最初的样貌，还弄清楚了在搬移之前作为橘夫人住宅时的样貌和每次大修后建筑物的变化情况。

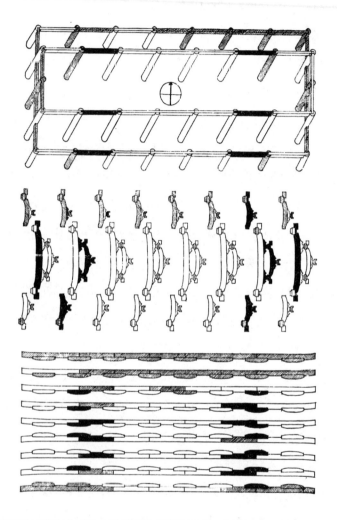

法隆寺传法堂结构材料分类。对构件的严格分类是复原时施工的基础。白色部分为橘夫人旧宅所用构件，黑色部分为建筑搬移至法隆寺后重建所用构件，斜线部分为后世替换的构件

资料来源：浅野清『古寺解体』（学生社，1969 年）

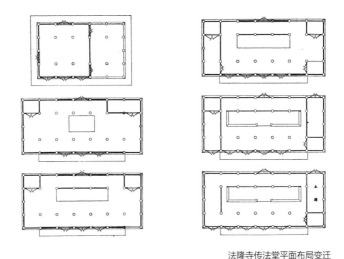

法隆寺传法堂平面布局变迁

左上角为橘夫人旧宅时期，其他从左至右为先后 5 次改造时的平面布局

资料来源：浅野清『古寺解体』(学生社，1969 年)

基于以上调查成果，大冈实和浅野清定下了改变建筑现存样貌、复原其初始样貌的修复方针。尽管大冈实、浅野清与前任负责人古宇田实围绕着这个方案爆发了激烈的争论，不过新方案无论是复原的精细程度，还是旧料的再利用率都相当之高，因而获得了国宝保存会的认可，传法堂最终复原至最初的形制。不过传法堂并没有复原原有的色彩，可能是考虑到日光东照宫修复时的争议。

未能复原如初的金堂和五重塔

在传法堂形制复原之后，日本最古老的木构建筑——金堂和五重塔的修复工作也开始了。经历了多次修复的金堂和五重塔，需要

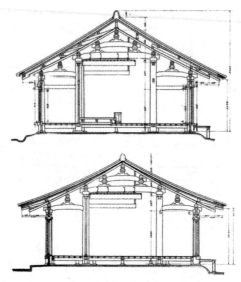

法隆寺传法堂修复前后结构对比。上图为修复前，下图为修复后
资料来源：法隆寺国宝保存事業部編『國寶建造物法隆寺東院舍利殿及繪殿並傳法堂修理工事報告』（1943 年）

改造的部分远比传法堂要多，主要包括五重塔最下面增加的一层被称为"裳阶"[1]的结构、最上层的塔顶形状变化较大，以及为了支撑金堂屋檐而添加了雕龙檐柱。

大冈实和浅野清对金堂和五重塔进行了周密细致的建筑构件痕迹调查，虽然没有传法堂的调查那么完备，但也得出了能够高精度复原的结论，拟定了以恢复原貌为目标的修复方针，甚至预想了在复原工作具体实施时可能遇到的一些问题。

1　中文多称为"副阶周匝"，指在建筑主体（塔身、殿身）外附加一圈檐柱构成重檐。

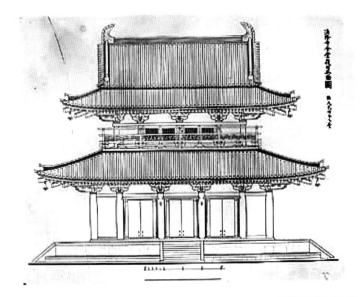

法隆寺金堂复原方案

资料来源:『奈良県文化財保存事務所蔵　文化財建造物保存修理事業撮影写真』前揭

　　第一个问题是如何处理落架大修对室内壁画的损伤。对此，修复团队给出了被称为"大拆解"的施工方案，即将墙面整体与柱子等构件分离，在不损伤壁画的前提下进行落架大修。第二个问题是如何处理建筑中原本就残缺的结构。面对这个问题，修复团队提出插入钢筋加固。在解决了这些问题后，这一方案才最终提交至国宝保存会。

　　然而，面对这份以恢复原貌为目标的方案，国宝保存会中负责建筑结构的委员分为了意见截然相反的两派，最终驳回了这份方案。之后又经过几番波折，金堂和五重塔最终既没有复原如初，也没有维持现状，而是复原成了设想中的 16 世纪末庆长年间的形制（五重塔的修复工作竣工于 1952 年，金堂为 1954 年）。

该方案不仅清理了近年来堆积的各类杂物，也保护了裳阶、塔顶形态、檐柱及色彩，同时避免了拆解墙面和使用钢筋加固。也就是说，最终实施的方案优先考虑的是保护建筑构件和继承修复之前的样貌。

这一将金堂和五重塔按庆长年间风貌修复的方案，虽然现实，但也因此遭到了从建筑作品的纯粹性角度出发的批评。建筑师泷泽真弓在 1952 年发表了《法隆寺复兴外论》，认为应该反对不同时代风格共存的状态，提出如果将修复工作视为现代人的创作活动，理应追求建筑作品的整体性。不过，这种强调建筑整体性的批评此后就消失了。

以法隆寺昭和大修理为契机，调查建筑构件残留痕迹的手段得到了发展，复原的精度也有了显著提高。基于外貌风格进行创造性复原的做法已经成为过去。同时，保存了潜在信息的旧料得到了极大的重视，复原行为本身也得到了谨慎的对待。进行复原的时候，甚至会考虑复原为历史上多次修复中的其他样貌，而非只考虑复原为最初的样貌。经历多次修复，面貌多次变化的建筑物，其风貌究竟在历史上哪个时期拥有最高的评价呢？恐怕这次昭和大修理就是问题的答案。

此外，在进行法隆寺昭和大修理的昭和时代初期，把建筑看作历史学和建筑学资料的声音越来越强烈。同样是国宝，绘画、雕刻和工艺品依旧因自身属性而被视为存在艺术价值，但提到历史建筑，从建筑作品角度出发的评价却越来越少了。修复人员被看作专业修复人士，而非设计新建筑的建筑师。这样一来，虽然修复工作的学术水平提高了，但这是一个危险信号，如果大众难以理解，那么观点难免会被专家控制。

从国宝到文化财

法隆寺昭和大修理还有另一个值得一提的意义。由于金堂修复期间发生了火灾，人们开始重新审视《国宝保存法》，由此推动了《文化财保护法》的颁布。

二战期间及战后初期，日本的许多国宝或在空袭中被烧毁，或因忽视而遭损坏。1949 年 1 月，尚在修复中的法隆寺金堂内发生火灾，壁画等文物遭大面积损毁；同年 2 月，由于人为纵火，爱媛县松山城的橹[1]被烧毁；6 月，北海道松前城的天守等建筑遭他处火势波及而被烧毁；1950 年，金阁寺同样因人为纵火而遭焚毁。国宝接连遭难引发了社会对国宝管理制度的议论。同样是在 1950 年，日本出于统一保护文化遗产的目的，以议员立法[2]的形式通过了《文化财保护法》。

在该法案中，弱化了以往"国家珍宝"这一意识，改为以促进"国民文化发展"和"世界文化进步"的"文化财"概念为核心（第1 条）。在这一框架下，文化价值这一概念所涉及的领域达到前所未有的广阔，不仅《国宝保存法》保护的工艺美术品和建筑物作为"有形文化财"被囊括进来，原本由其他法律保护的"名胜古迹及天

1　日本城堡中的箭楼、望楼。

2　由国会议员提案立法，与"政府提案立法"相对。

然纪念物"，戏剧、音乐和技艺等"无形文化财"和风俗习惯等"民俗文化财"也被收入其中（第2条）。

不过"文化财"是一个较为新颖的概念，第一次使用是在1930年前后。最初是指与文化相关的任何成果，包括宗教、法律、经济等多方面，含义广泛。在《文化财保护法》颁布后，其含义才限定为法律所规定的内容。

在向《文化财保护法》过渡的阶段，《国宝保存法》中的"国宝（旧国宝）"全部转为"重要文化财"。重要文化财须为"对日本有着突出的历史或艺术价值的重要物品"（第2条），其中"从世界文化角度来看具有极高价值、无与伦比的国民珍宝"则被单独列为"国宝（新国宝）"，即重新划定了"重要文化财"和"国宝"这两部分的范围（第27条）。同时吸取了管理不当多次造成文物被烧毁的教训，规定如果重要文化财的所有者保管不当，政府可以向所有者提出劝告，命其采取适当措施（第36条），对于国宝可以下达修复命令（第37条）。

这次更迭可以说只是法律上的定义发生了变化，将旧国宝中的建筑全部转为"重要文化财"，价值评价方面则基本没有变化。《古社寺保存法》和《国宝保存法》提出的"值得称为历史之标志或美术之典范"这一定义，既没有过度体现民族主义，又是以建筑学等学科的学术观点为中心提出的，因此尽管时间来到二战后，也没有过多修改价值评价方向的必要。

《文化财保护法》将保护对象依旧分为国宝和重要文化财两个部

分的实际原因恐怕是二战后严峻的财政状况。由于很难为全部旧国宝提供援助资金，因此只能选出一部分新国宝重点支持，但实际上国宝和重要文化财之间并不存在明确的价值区分。事实上，大家对于将建筑认定为国宝一事的态度，自20世纪60年代以来就很消极。

二战后，历史建筑的保护在《文化财保护法》的框架下有序进行，如本书将在第五章中详细介绍的，虽然民宅和近代建筑也逐步被纳入重要文化财的保护范畴，但社寺的修复工作是建立在自明治末期就开始的持续讨论之上的，现在不过是既有道路的延伸。

对复原时期的判断：当麻寺本堂与中山法华经寺本堂

二战后的修复工作大量运用了从法隆寺昭和大修理中获得的经验和方法。1957年至1960年，冈田英男负责的当麻寺本堂（曼荼罗堂，位于奈良县葛城市，国宝）落架大修工作集迄今为止所有修复方法之大成，形成了一套独特的标准。

修复工作刚开始时，修复团队尚未彻底了解当麻寺本堂的建筑历史，只是从内部残留的构件形制推断建筑或许可以追溯到奈良时代。因此团队在修复开始前先进行了详细的调查，发现了永历二年（1161）的墨书，并逐一调查了构件上残留的痕迹，以实际证据证实了建筑的历史经历。

当麻寺本堂的前身是奈良时代的一座小型佛堂，平安时代初期向前面扩建了一部分。1161年，其前身建筑的构件被大量挪用和

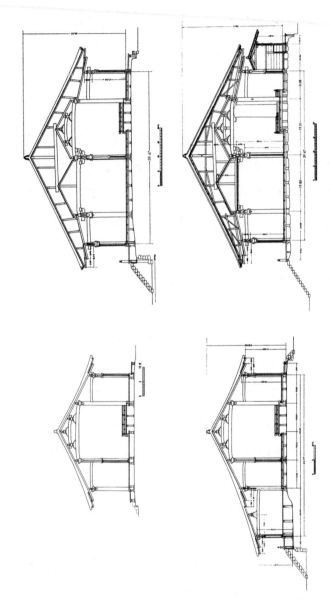

当麻寺曼荼罗堂的变迁。左上为奈良时代初创建时，左下为平安初期附建了前侧时，右上为1161年用旧料再建时，右下为15世纪末改造时

资料来源：冈田英男『日本建築の構造と技法』(思文閣出版，2005年)

再利用，建成了与现在规模和空间结构基本一致的一栋本堂，因此1161 年也被认为是当麻寺本堂的建成年份。此后一直到昭和时代，当麻寺本堂陆续经历了一系列修复改造，15 世纪末替换了 18 根柱子，插入了加固材料，17 世纪末改动了屋顶的形状和内部空间布局，再之后又陆续进行了一些小规模的修复工作。

尽管修复团队基本能够将后世累积的改造一层层剥去，从中找到1161 年建成之初的形制，但为了保护残存构件并维持结构的稳定，最终团队并未按原貌修复，而是选择复原到 15 世纪末室町时代的形制。

本次修复运用了法隆寺昭和大修理中创造的调查方法，主要通过构件上的残存痕迹推断建筑物的真实历史经过，并与各时代的形制比照讨论，最终选择了奈良时代与平安时代构件共存的室町时代形制。

当麻寺本堂的修复，首先通过考察建筑的历史来判断什么时期的状态最有价值，其次由专业修复人员组成了"文化财建筑保护技术协会"（1971），二者相辅相成，共同完成修复。这在之后逐渐变为修复重要文化财建筑的常规流程。但即使有了这套流程，应该选择修复至什么时期这个问题依旧值得讨论。接下来要介绍的 1998 年竣工的中山法华经寺祖师堂（位于千叶县市川市，重要文化财）修复工作就是该问题的其中一个答案。

该建筑的修复工作由文化财建筑保护技术协会的日塔和彦负责，运用了包括考古学发掘调查在内的多项手段对构件层面进行了精细调查，查明了建筑各时代的形制。中山法华经寺祖师堂原本在 1678 年

中山法华经寺祖师堂，修复前后对比

上图为修复前，下图为修复后，屋顶形状发生了较大变化

资料来源：文化财建造物保存技術協会編著『重要文化財法華経寺祖師堂保存修理工事報告書』（1998 年）

（延宝六年）刚建成时是两个悬山式屋顶前后并列的奇异形制，1741年（宽保元年）将这个奇怪的屋顶改成了一个普通的歇山式大屋顶，1788年（天明八年）将大屋顶之前使用的板葺[1]改为铜板葺。

1678年建成的屋顶形制堪称奇异，1741年为了防止雨水渗入而改造后的样貌又是现存形制的原貌，而1788年重铺的铜板葺因宗教的传播，已经成为大众眼中财富的象征。虽然最终选择了复原如初，但无论按哪个时期修复都不算错。

整理建筑的历史变迁，展示出每个时代的样貌，终归只是为了比较查验各时代的形制。究竟选择修复为哪一时代的样式，哪一时代的状态更有价值？这才是现代人最应该考虑的问题。

况且无论怎么选择，建筑都必然会失去一部分修复前所具有的价值。

在1954年竣工的京都大报恩寺本堂（千本释迦堂，国宝）修复工作中，考虑到该建筑是京都市区内唯一一座镰仓时代留存下来的本堂，修复团队决定将其复原到1221年（承久三年）建造之初的样貌。这一复原工作将中世大型本堂的空间展现了出来，但因此拆除了后世为了将信仰对象分开而间隔出的多个小房间，修复前的样貌完全消失了。

同样是在1954年竣工的明通寺本堂（位于福井县小滨市，国宝）修复工作，由于施工过程中不得不将贴在建筑内部的神符等物取下，宗教空间的具体面貌和神符的史料价值都遭到了破坏。无论修复方针

1　日本传统建筑中铺设屋顶的材料，根据建筑等级使用不同厚度不同木材的木板或木片，常见的有杉木、桧木等；下文"铜板葺"是铺设屋顶的薄铜板，出现于江户时代。

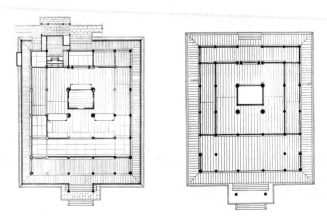

大报恩寺本堂，修复前后结构对比。左图为修复前，右图为修复后

资料来源：國寶大報恩寺本堂修理事務所編輯『國寶建造物大報恩寺本堂修理工事報告書』（京都府教育廳文化財保護課，1954 年）

是什么，只要修复就一定会在某种程度上破坏建筑整体价值。

　　至于现在仍在使用的社寺建筑，更是不可避免因改变用途而改建或加固结构。相较于社寺建筑，这类问题的答案对于修复民居和近代建筑更为重要，本书将在第五章详细探讨这一内容。

没有正确答案的修复

　　从上文所述内容中，可以看出历史建筑的修复理念与价值评价的角度有着密切的联系，二者的改变总是相关联的。

　　《古社寺保存法》刚制定时，受 19 世纪折衷主义建筑观的影响，修复工作追求建筑作为艺术品的整体性，重视建筑物的内外形制和设计，尝试将建筑复原至建成之初的样貌。这种思想轻视单项建筑构件和外表不可见的建造技艺，甚至为了贴近理想中的风格而进行缺乏依据的创造性复原。

这种修复观招致了声势浩大的批评。主持修复工作的人也开始反思复原如初导致保存有搭建技术和无穷信息的旧料消失的问题，基于折衷主义建筑观的创造性复原法逐渐被抛弃。同时一种新观点兴起，越来越多的人重视以科学方法调查构件痕迹，他们认为与建筑物本身相比，从这些痕迹中所能获得的信息才是建筑物的价值所在，历史建筑是历史学和建筑学的资料来源。

站在这个角度来看，无论复原的依据是什么、复原到什么时期，复原行为本身就是错误的。只是，否定复原即主张维持现状，但要如何维持现状呢？完全维持现状，强行将历史停在当下，这种想法和复原如初的观点本质上是一样的，都过于绝对。相反，如果允许任何自由改造，那就会眼睁睁看着建筑的文化价值消失殆尽。

如果要完全维持现状的话，就会将包括临时改造在内的各个时期的形制一起保留下来，往往导致最后的修复结果变成缺乏一致性的混搭产物。如果对建筑的保护工作抹去了建筑作为作品的魅力，仅仅保留其学术资料价值，这样的保护工作也不会得到社会大众的认同。

一味强调历史建筑的学术价值、反对复原的思想，和复原至上主义一样，都是片面的。

除了复原之外，也有人对过去常常进行的落架大修提出质疑。落架大修不可避免地要损坏一部分材料，所以也受到部分修复人员的反对。1992 年日本成为"世界遗产公约"缔约国之际，西方学者曾批评日本的落架大修和重建无异，这件事情引发了很大的舆论反应。

尽管这种批评片面地将落架大修和定期重建性质的"式年迁宫"混为一谈，但也反映出欧洲人在经历了维欧勒–勒–杜克等人的创造性复原后，对改动历史建筑的慎重，甚至连重组古希腊神庙遗址的石材都要考虑再三。本书不会过多提及国际上关于修复手法的争议，但亚非民族传统建筑多由植物材料和泥土建成，必然要定期进行大修，评价这些地区的建筑时不可避免地要考虑这一方面，如此一来围绕着修复历史建筑的讨论就更加复杂了。

修复历史建筑的时候面临着上述各种各样的挑战。不过从已有的修复经验来看，是可以从构件上残留的痕迹出发，查明建筑自落成至今的历史变迁的。因此必须根据已查明的建筑历史信息，充分考虑该建筑的价值在哪里以及采取什么措施保护这些价值，然后才能决定修复方针。

由于人们认识到了以调查为基础进行考察研究的必要性，谨慎对待现状变更逐渐成为国际主流观点。撰写并公开记录了修复内容的报告也具有重要意义，可以在修复时帮助修复人员判断各种各样的信息，以及在之后判断修复方针妥当与否。

但无论多么精细的调查都无法得出"正确"的修复方针。并不存在教科书式的正确答案和行动指南，唯一能确定的是今后每一次修复时，人们依旧会争论修复方针的可行与否。

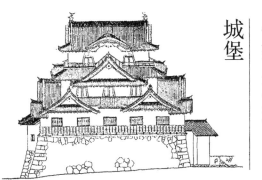

第四章

保护与再现：

城堡

城堡与再现

迄今为止，本书自社寺建筑出发，花费大量篇幅从价值认知的角度阐述了建筑修复的相关内容。本章开始讲述城堡建筑。

和社寺一样，城堡也是自古以来就备受关注的历史建筑，以独特的形态吸引着人们的目光。城堡也同样在明治初期面临着关乎存亡的危机，自那之后一直至昭和时代，都不得不在漫长的岁月里艰难前行。

本章前半部分将论述明治维新以来，对城堡及其相关建筑评价的变化以及保护的过程，后半部分将介绍二战后城堡通过复兴活动重现的经过，据此研讨"再现"这一行为。

"再现"是指希望通过历史考证，重建已经完全消失的建筑。

这种做法与第三章提及的复原近似，都是希望建筑回到历史上某一特定时刻，通常也不对这二者加以区别。二者也的确关系紧密，在保护和复原历史建筑的过程中积累的经验也可用在高精度的再现上。但人们很清楚，复原无论如何都只是某种保护方法，在实施过程中受到诸多限制；而以重建方式完成的"再现"，则是与保护相异的现代创作活动。

"再现"这一行为古已有之，第一章提及的京都御所就是"再现"的产物。但二战后以城堡复兴活动为开端的"再现"，近年来不仅精准度大为提高，覆盖的范围也急剧扩大，在日本各地落地扎根。"再现"对于战后的日本社会意味着什么？本章将就这个问题展开论述。

"废城令"与天守的拆毁：萩城与大洲城

与明治维新前就迎来了变革期的社寺不同，城堡在明治维新刚开始时仍为领主及其家臣所有。虽然1869年版籍奉还[1]后城堡被移交给明治政府管理，但其实际的维护依旧仰赖旧藩体系。

这一情况一直持续到1871年废藩置县。各藩被改为府县后，旧大名也纷纷成为华族迁居东京。明治政府向各地派遣的地方长官与旧藩毫无关联，各地原江户时代的统治阶级无法插足府县的管理。1876年秩禄处分[2]从经济上打压了旧藩士（武士阶层）使之衰亡，长久以来负责维护城堡的旧藩体系至此完全解体。

旧藩体系的消亡摧毁了维护城堡的主要群体，1873年的"废城令"更是将城堡置于存废的关头。

1　日本明治政府实行的一项中央集权政策，各大名向天皇交还各自的领土（即版图）和辖内臣民（即户籍）。

2　明治维新时期的一项改革政策，革除武士家禄（禄米），改以金禄公债发俸。

按废城令要求，"存城"即日本各地允许保留的大型城堡，共计43座，包括新法律要求新建的城堡，全部作为军事设施交由陆军省管理；而"废城"即决定拆毁的城堡及兵营，全国共200余座，悉数移交大藏省管理。

明治政府此后将废城的土地和建筑出售给民众。尽管这一做法是为了缓解财政紧张，但也反映出明治政府对城堡的态度。对于明治政府而言，虽然城堡不过是被自己推翻的幕藩体制的遗物，但由于可能成为反政府势力的根据地，所以仍是积极地拆毁这些建筑。当初废城的名录中还包括了如今被指定为国宝的犬山城和松本城，看来在1873年的时候还没人认识到它们的文化价值。

废城自不必说，但连存城也在急速被破坏。在废城令颁布之前的1872年，小田原城内的建筑几乎已经全部消失。长州藩是明治维新的主力，位于长州藩内的萩城坐落在如半岛般伸入日本海的指月山的山麓，城中五层高的天守在1874年被拆毁。1875年，冈山县津山城五层高的天守被毁。爱媛县大洲城的四座大型橹虽免遭破坏，但城堡中四层高的天守于1888年被毁。

长野县小诸城的正门虽然幸免于难，但却在被转手后进行了不可思议的功能改造，不仅做过日式餐馆，甚至还做过学校校舍。到1890年之前，被拆毁或经改造的城堡建筑不胜枚举。

废城令之于城堡，其激烈程度恰如神佛分离令之于社寺。近代的城堡就这样背负着这些负面的印象步入了新的历史阶段。

拆毁前的萩城天守（1871）

资料来源：『日本城郭全集　第 10 卷　古写真・资料』（日本城郭協会, 1960 年）

拆毁前的大洲城天守（1868 年左右）

资料来源：同上

由国家和市民保护：姬路城、彦根城、松江城和松本城

尽管颁布了废城令，但大部分地方并未积极去落实。作为存城代表的二条城、姬路城和松山城等城堡，有大量建筑得到保留，废城令下仍有不少建筑并未被破坏。整体上看多是在城堡的维护主体变化后便被置之不顾，不过各城的实际状况也各有不同。

姬路城虽然在废城令中被定为存城，但也只是能够作为一处设施继续存在，城堡中心高耸的天守以23日元50钱的价格被拍卖。虽未被拆毁，但在失去管理后，逐渐破败。

在这种背景下，陆军省工程兵中佐中村重远（1840~1884）高度评价了姬路城结构的"精巧"，向陆军高层进言，说姬路城与名古屋城同为"国内首屈一指的城堡"，应作为"修筑城堡的模范"加以保护。于是1878年陆军下令保护姬路城，次年开始了大天守的加固工作。在由市民组成的"白鹭城[1]保存期成[2]同盟"的推动下，1911年众议院同意从国库调拨经费修复姬路城。不过这两次修复工作与上一章探讨的基于《古社寺保存法》的修复工作全然不同，也未按风格进行价值评估和详细调查。

彦根藩井伊家的居城彦根城（位于滋贺县）于明治初年被出售，虽然在即将拆毁之际，被废城令指定为存城，但也只是重新

1　姬路城的别称，因其纯白色的灰泥城墙就像展翅飞舞的白色苍鹭（当地人称为白鹭）而得名。

2　期待成功之意。

落入被弃置荒废的境地。幸而1878年明治天皇巡幸北陆道，临时下令保留彦根城，于是明治政府决定将彦根城转为皇室附属地继续使用。是以天守之外的大量建筑物，如橹、门、马屋等都得到保存，这些建筑的保留使得如今的彦根城作为城堡建筑群中的典例而闻名。

姬路城和彦根城分别是在陆军内部的个人推动和皇室的干预之下得以保存，可以看作是特例。城堡建筑的保护更常见的是由城下町或旧藩领的民众出力推动。

出云藩藩主家族出云松平家的居城松江城虽然被废城令定为存城，但在1875年被变卖后，几乎所有建筑都被拆除了，仅有天守被附近的富农胜部本右卫门和旧藩士高城权八筹措资金赎回，并于1890年转让给旧藩主松平家，后又于1927年被赠送给松江市，受政府保护。

松本藩藩主家族户田松平家的居城松本城在废城令颁布前就已被拍卖出售，但由城下町的市民市川量造（1844~1908）出面租借下来后，作为博览会场馆一直被使用至1876年。不久后由于整体倾斜等因素导致建筑破损，1901年由松本中学校长小林有也（1855~1914）牵头，向日本全国募集捐款，最终凑齐了修复费用。综上所述，松本城完全是由市民出力保护和修复的建筑。

松本城天守（1897 年左右）

资料来源：松本市教育委员会编『国宝松本城』（1966 年）

　　此外，曾任尾张德川家附家老[1]的成濑家，其居城犬山城自明治初年起就陆续出售了大门等建筑，被指定为废城后，其他附属建筑也大多被拆毁，仅天守和剩余几栋建筑留存。1891 年的浓尾地震更是对犬山城造成了不小的破坏，天守几近坍塌。在犬山市民的保

1　江户时代由德川幕府派给御三家等亲藩、大名本家派给分家用以辅佐政事的重要家臣。成濑家的职位是世袭职位。

护请愿下，犬山城被转让给旧城主成濑家，由成濑家和犬山市民一起负责犬山城的修复和保护工作。虽然如今的犬山城天守由公益财团法人"犬山城白帝文库"所有，但在 2004 年之前都是成濑家所有，是此前唯一一处所有权归个人的天守。

如上所述，城堡建筑在被拆毁的同时，又得到了旧藩士和普通市民的保护。究其根源，是城堡建筑尤其是天守不仅是领主家权威的体现，也是城下町即城市的象征。明治时代的城堡有着对立的两面，一方面作为封建制度的象征被摧毁，另一方面也作为城市和地方的象征得到保护。

成为公园的城堡：高知城与会津若松城

明治时代城堡的命运还出现了另一种新走向——被改造为公园。

第二章提到有许多旧寺院都变为了公园。在那些由城下町发展而来的城市之中，许多废城也被改造为公园。

城堡改造为公园最早的事例是 1873 年设立高知城遗址公园，发生在废城令颁布当年。但改造正式开始是 19 世纪 90 年代之后，弘前城（1895）、津山城（1900）、和歌山城（1901）、德岛城（1905）和盛冈城（1906）相继被改为公园，改造工作也依次进行。

基于《古社寺保存法》对社寺建筑进行的评估和修复工作是由近代建筑学主导的，但将城堡改造为公园的工作则是由农学和林学所主导。领导东京公园行政事务的长冈安平（1842~1925）和任教于帝国大学农科大学（今东京大学农学部）的日本公园之父本多静六（1866~1952）二人，在改造工作中发挥了巨大作用。

长冈安平的高知城遗址改造方案（1909）和本多静六的会津若松城遗址改造方案（1917）都提出应尽量避免改动石垣和水濠等边界建筑，有意识地保留城堡的复杂结构。改造集中在扩展平地部分和绿化工作上，考虑到日常对市民开放的需求，还增设了可进行各类近现代活动的广场。

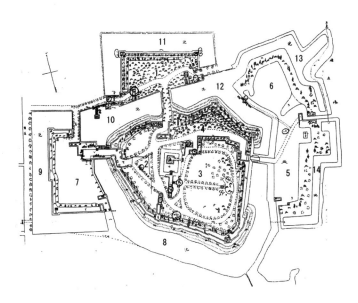

会津若松城遗址改造方案（1917）

本多静六的方案是在维持城堡基本框架的基础上，进行植树和铺设人行步道等改造工作

资料来源：徐旺佑
「近世城郭を中心とした歴史的記念物の保存手法と整備活用に関する研究」
（東京藝術大学学位論文，2010 年）より転載

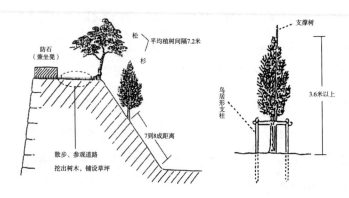

会津若松城植树方案（1917）

资料来源：徐旺佑
「近世城郭を中心とした歴史的記念物の保存手法と整備活用に関する研究」
（東京藝術大学学位論文，2010 年）より転載

　　在公园化的过程中，城堡得以维持基本结构，可以说城堡公园化的目的就是谋求整体保存城堡遗址。但与同时期基于《古社寺保存法》针对特别保护建筑开展的正式保护工作不同，城堡公园化始终是抱着一种尽量保全既存建筑的态度，因而并未得到较高评价，针对修缮方针的讨论也不多。

作为史迹的城堡

　　至 1890 年前后，市民成为保护天守等城堡建筑主力的趋势更加显著。1897 年制定的《古社寺保存法》仅涵盖社寺，国家仍未负责保护城堡建筑。

　　不过，具有历史意义的土地很早就被官方评定为史迹。1872 年的

大藏省通知及 1875 年的太政官布告中规定"查定名所旧迹"是新设府县的职务工作之一。根据这一规定，各府县以"古迹"和"名胜"为调查对象，开始了地方志的编纂工作。"城堡遗址"与国府遗迹、古战场、古关遗迹、古宅遗迹和废寺遗迹一起被列入"古迹"之中。

获得调查的古迹和名胜可以说与第一章中"名所图会"的内容一样，大体上继承了江户时代的价值观。尽管明治政府意在拆毁城堡实体，但"城迹"作为继承了"名所"概念的古迹之一，是舆论关注的重点。以帝国大学教授黑板胜美为代表，相关日本史学专家学者们为古迹、名胜的评估和保护工作做出了巨大贡献。

此外，植物学家三好学（1862~1939）主张保护自然事物，创造了"天然纪念物"这一新概念。在三好学的推动下，1911 年贵族院议员德川赖伦等人向帝国议会提议保护由该概念与古迹、名胜结合组成的"史迹名胜天然纪念物"。

此时诞生的"史迹名胜天然纪念物"概念分为三部分：与历史事件、历史发生地点或历史人物相关联的"史迹"；文学作品曾提及的风景和优美的庭园等"名胜"；包括动植物、矿物及地形地质条件在内的"天然纪念物"。尽管这一概念是将各种不同来源的组成部分绑在一起构成的，但它们都是以民族主义为背景，并且同样划出一定范围的土地进行保护。

价值评估普遍由历史学科主导，但名胜与农学和林学，天然纪念物与动物学、植物学和地质学等近代学术领域同样有着很深的关联。"史迹名胜天然纪念物保存协会"综合了上述各学术领域，在其于 1914 年创设的主办刊物《史迹名胜天然纪念物》上发表了大量学术观点。

在德川赖伦等人提议的 8 年后，1919 年《史迹名胜天然纪念物保存法》制定并颁布，日本自国家层面开始了相关价值评估和保护工作。史迹认定工作基于民族主义历史评价进行，自一开始就包括城堡。

这一年，日本已脱胎换骨，成为近代民族国家，明治维新时期坚决废藩的那代人已然退场，新一代日本国民并不如先人那样抵触城堡作为江户遗风的价值。相反，各地城堡所获得的评价愈高，愈有利于彰显地方及城市的深厚历史。城堡的名誉终于在废城令颁行半个世纪后得到了恢复。

虽然制定了《史迹名胜天然纪念物保存法》，但由于要通过历史学科判断价值高低，陆军和地方政府又有占用城堡的现象，再加上公园化的可能，城堡的史迹认定工作进展缓慢。日本在战前[1]阶段确认了 19 座城堡有天守遗存，但仅有 7 座被认定为史迹，分别是姬路城（1928 年认定）、松本城（1930 年认定）、和歌山城（1931年认定）、名古屋城（1932 年认定）、松江城（1934 年认定）、松前城（1935 年认定）和宇和岛城（1937 年认定）。

此外，即使是被认定为史迹的城堡建筑，其保护与修复理念也

1　本书中均指 1941 年太平洋战争爆发前。

与《古社寺保存法》中不同。

在阐述早期史迹保护理念时，经常引用松尾芭蕉咏奥州平泉的俳句"长夏草木深，武士留梦痕"[1]。也就是说人们更加重视尽量不对现状进行刻意改动，只尽可能地在了解历史事实的情况下凭吊现状。因此即便是对被指定为史迹的城堡，人们也并未积极地进行评估或是基于调查进行修复，而是如以往一样，将其几近闲置。

城堡建筑的国宝认定工作

大正时代依旧有大量的城堡建筑遭到破坏，但此时终于出现了基于建筑学或建筑史学的研究。

这一研究滥觞于名古屋高等工业学校（今名古屋工业大学）的土屋纯一（1875~1946）于 1920 年在建筑学会主办的《建筑杂志》上发表的《织田时代的建筑》一文。文章将安土桃山时代视为日本建筑史上的新时代，在此基础上，尝试将城堡建筑作为这一时代的代表性建筑类型进行研究。

恰逢这一时期日本建筑史的通史编撰工作陆续开始，其中也将城堡建筑作为安土桃山时代和江户时代的代表建筑。1925 年佐藤佐在《日本建筑史》中选择性地列举了主要的城堡遗构，并基于价值进行了评定。

---

1 原文为「夏草や兵どもが夢の跡」。

城户久（1908~1979）对城堡建筑进行了个案调查，自1937年起，陆续发表了关于犬山城、大垣城、彦根城、丸冈城、松本城和名古屋城的论文，调查清楚了各城堡建筑的建设年代和主要的改造部分。这些工作使得对天守、橹和大门等城堡建筑进行断代、比对细节形制异同、基于典型性和稀缺性进行价值评估等一系列工作都得以实现。

1929年制定的《国宝保存法》废除所有者限制引发了上述的建筑学新风潮，也为将新建的城堡建筑认定为国宝提供了依据。明治时代从民众层面开始的对城堡建筑的评估和保护得到了建筑学领域上的肯定，并进一步被国家层面所接受。

国宝的认定工作自名古屋城（1930年认定）和姬路城（1931年认定）开始，熊本城宇土橹（1933年认定）与丸冈城天守、高知城天守及宇和岛城天守（1934年认定）紧随其后。最终，战前确认存

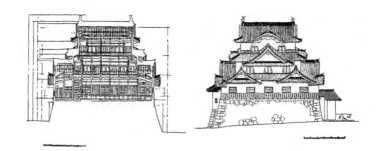

彦根城天守图纸（土屋纯一、城户久绘制）

资料来源：土屋純一・城戸久「近江彦根城天守建築考」（『建築學會論文集』，1938年）

在的 19 座天守全部被认定为国宝。

同为国宝，尽管城堡建筑也得到了保护，但与社寺建筑相比，其评估方法有几处不同。

首先，评估城堡是从城堡建筑群整体出发。比如 1931 年被列为国宝的姬路城，除了天守外，被列入国宝的还有城堡的大门、橹、板墙等 74 处建筑群组成部分。其中的板墙等建筑单独评价的话并不算古老和特殊，但却是城堡整体不可或缺的一部分。

其次，已经改造为公园的城堡，其公园功能要与史迹保护工作相互协调。既然作为城堡遗址公园对市民开放，即使是国宝建筑，也依然是公园的一部分，这一点是与社寺截然不同的。于是就出现了 1937 年松竹电影公司在姬路城拍摄《大阪夏之阵》时，部分石垣和板墙被炸飞的情形。倘若是《古社寺保存法》保护下的特别保护建筑，绝不可能被如此对待。

虽然城堡建筑的国宝认定工作已经开始，但相应的文化价值评估工作却尚待进行，战前作为国宝进行修复的城堡建筑仅有首里城正殿（1932）、首里城守礼门（1936）、弘前城辰巳橹等两栋橹（1937~1938）和丸冈城天守（1940~1941），《古社寺保存法》的修复经验也并未充分运用到城堡的修复工作上。

城堡建筑真正作为国宝进行修复始于 1935 年开始的姬路城昭和大修理。为了修复因 1933 年暴雨而严重受损的姬路城，直接由国家出面负责修理工作，与前文的法隆寺昭和大修理同时进行。

受战争影响，姬路城昭和大修理一直到 1964 年才开始，将天守解体，从根本上加固了台基，过程中大量借鉴了有关城堡建筑的建造技术与构思经验。这一经验在战后，不仅被用于修复城堡建筑，也被用于重建已毁的城堡。

新建的天守：洲本城天守阁与大阪城天守阁

明治初期一度被忽视的城堡，在大正时代被指定为史迹，在昭和初年被指定为国宝，地位逐步恢复的同时重新拥有了城下町象征这一稳定的地位。尤其是尚存天守的城堡，在国宝头衔的保护下，为提升城市形象发挥了巨大作用。这也意味着没有天守的城市形象会变得更低，有无天守成了城市之间显而易见的差异。

弥合这一显著差异的最好办法便是新建天守。最早的例子是淡路岛的洲本城天守阁。

洲本城天守阁是昭和三年（1928）为纪念昭和天皇即位而修建的钢筋混凝土结构建筑。从外观上看是一座模仿小型天守的白色三层建筑，但其实是座结合了传统城堡建筑各种细节特点的观景台，并非是由过去的洲本城而来。从这一角度来看，它完全是新创作的建筑。

汇聚了历史上不同城堡风格的洲本城天守阁，其设计手法与 19世纪的折衷主义设计如出一辙，并无新颖之处。但是日本的折衷主义作品使用的几乎都是用遥远的西方异国历史上的建筑风格，并不能让日本人回忆起建筑过去的面貌和历史。虽然洲本城天守阁也是崭新的建筑，但其建筑风格完全源于日本传统的城堡，乍看外观也是真假难辨，因此能成功唤起日本民众的历史记忆。

1931 年大阪城天守阁的重建更是造成了巨大的轰动。

大阪在 20 世纪 20 年代后期至 30 年代人口总量超过了关东大地震后的东京，达到了繁荣的顶点。大阪市长关一（1923—1935 年在任）提出了"大大阪"的口号，并推动落实了一系列事业，其中就包括将"大坂城¹遗址"改造为公园。该工作的核心便是修天守，关一以此为口号向市民募集资金，仅半年就收到 7 万份捐款，超过捐款目标，建设自此开始。

说到"大坂城"人们往往想到的是丰臣家，然而丰臣家修建的初代大坂城天守焚毁于 1615 年（庆长二十年）的大坂之战中。不久后，德川家康在新址修建的第二代天守也毁于 1665 年（宽文五年），之后便未再建。

命运多舛的大坂城天守，其时隔二百年的重建工作由时任京都府技术官的京都帝国大学天沼俊一教授主持，大阪市土木局负责设计。重建地基选在了第二代天守的位置，外观设计上将《大坂夏之阵图屏风》描绘的初代大坂城天守的上部与第二代天守的下部组合在一起，采用钢筋混凝土结构，内部设计为具备观景台功能的博物馆。可以说，外观与选址呼应历史，内部则对应近代市民社会。

---

1 "大坂"与"大阪"读音相同，战国时代的文字记载多使用前者，因此仅从字面上便具备时代感。

大阪城天守阁

　　虽然重建后的大阪城天守阁并不完美且有不协调的地方，但选
址与外观设计都在一定程度上考虑了历史性，试图重新创造近世城
堡原本具有的城市象征与地标特性。这一特性与市民们保卫松江城、
松本城和犬山城的天守时所捍卫的内容一致，只不过大阪城天守阁
是通过创作重新孕育出这一特性的。

乍看之下，大阪城天守阁外观与内部似乎彼此矛盾，实际上这些都符合近代社会的特性。大阪城天守阁是极其近代化的，其外观以呈现历史性为目标，而历史性只有在历史建筑的文化价值被广泛认可之后才具有意义。同时，设计方法上也体现了近代的特性，将历史上的建筑风格收集分析后再重新应用的方法正是来自从西方引进的近代建筑学。此外，大阪城天守阁内部是从直接向市民开放的角度建造的，尤其是可以眺望四周的观景功能，这显然是江户时代的普通百姓绝对享受不到的新鲜乐趣。

外观基于历史性而设计，内部可以眺望城下町，兼具博物馆功能，这样的大阪城天守阁不仅被大阪市民接受为新城市的象征，也为战后复兴天守提供了范式。

重建后的天守属于近代建筑这一点毋庸置疑。昭和时代重建的这座建筑被命名为"大阪城天守阁"，以将其与历史上的"大坂城天守"区分开来。1997 年被列入有形文化财时，备注上写着评价："总体来说，它依旧是昭和时代诞生的近代建筑。"

在战争中被烧毁的国宝

自明治以来长期处于危机中的城堡建筑，自 20 世纪 30 年代开始逐一被指定为国宝后，终于逐步建立了未来保护工作的基础。然而令人猝不及防的是，不到十年，城堡就迎来了最大的危机——美军的空袭。

在对美宣战前，考虑到可能发生的空袭，东京帝室博物馆于1941 年 8 月至 11 月陆续将所藏文物移送至奈良帝室博物馆，数个社寺的文物也相应进行了转移。考虑到国宝建筑也存在被烧毁的可能，于是进行了紧急测绘，为其绘制了实测平面图。这一时期绘制的实测平面图是许多毁于战争的国宝建筑战后重建时唯一可依据的记录。

日本对美宣战的次年即 1942 年，4 月里发生了第一次东京空袭，拉开了美国对日空袭的序幕。日本本土自 1944 年夏季起开始遭到燃烧弹的无差别轰炸，大量人员死亡，建筑亦遭损毁。除了直面美军登陆战的冲绳，日本其他地区因空袭造成约 60 万人死亡和失踪，房屋损失 230 万栋以上，东京、大阪和名古屋这样的大城市以及与军需产业相关的城市受损严重，原子弹投放地广岛和长崎更是几乎被夷为平地。除了空袭造成的损失外，为了阻止火势蔓延，还拆毁了约 60 万栋建筑以清理出防火隔离带。

空袭和防火隔离带夷平了大部分城市中心的木构建筑。商铺鳞次栉比的传统街区尚未完全发掘文化价值就惨遭焚毁，已经尽可能采取了保护措施的国宝，如东京的东照宫、德川家灵庙、浅草寺、日枝神社以及仙台的伊达家灵庙都被烧毁，城堡更是受损严重。

日本许多大城市都由城下町发展而来，一旦被作为空袭的目标，位于市中心的城堡必然会成为空袭的靶子。涂有迷彩保护色的姬路城奇迹般逃过一劫，但名古屋、和歌山、冈山和广岛等城市的天守都被毁，1932 年刚修复完成的首里城也因美军舰炮射击被破坏殆尽，其他各处城堡的橹等诸多建筑同样被毁。

以天守为代表的城堡建筑，与城下町在城市结构布局上有着深刻的关联。无论城下町何处都能望见耸立的天守，天守不仅是城市不可或缺的象征，更是市民深爱之物。这也是为什么在废城令颁布后，市民会坚决保卫天守。如此意义非凡的天守，因空袭而瞬间坍塌，这种战争中的悲剧画面在市民的脑海中留下了挥之不去的痛苦记忆。

二战结束后，因空袭等战争因素消失的国宝建筑以及与明治天皇事迹有关的"圣迹"被移出保护范围，其中绝大部分都未被列为1950 年《文化财保护法》的保护对象，不久后就被人们忽视、遗忘。那些因烧毁而消失的城堡建筑，只能通过"再现"的方式以新的面貌重现人间。

以再现方式复兴天守：和歌山城与广岛城

被烧毁的城堡并没有在战争刚一结束就立即得到重建。战后的十年里日本社会经济凋敝，民众的心思都在如何挨过饥饿上。由于房屋在空袭中被大量烧毁，人却多了从前殖民地被遣返的士兵、移民，以及接管日本本土的盟军，日本的住房极度紧缺，只能尽可能维护并继续使用战争中未受损的建筑。

这一窘境直到进入昭和三十年代（1955~1964）后才有所改变。如 1956 年（昭和 31 年）日本发布的《经济白皮书》中所述，日本

"早已摆脱了战后"，这一时期政治体制稳定，经济总量恢复并超过战前水平，各地终于有能力重建天守。

和歌山天守就是其中之一。和歌山天守是一座较新的建筑，旧时代的最后一次重建是在幕末的 1850 年（嘉永三年）。在艰难度过了明治维新初期的动乱之后，1935 年城内大天守、小天守等共计 11 栋建筑物被指定为国宝。

但仅十年后，1945 年 7 月 9 日，和歌山城遭到空袭，城堡几乎全部被烧毁。旧御殿医郭家的住宅位于和歌山城下的西南端，从他家的二楼可以看见大天守被焚毁后的样子。由此可知恐怕整个城下町都能望见大天守燃烧的情景，这一悲剧画面毫无疑问烙印在了大部分和歌山市民的脑海之中。

天守作为城下町的象征，失去它对于和歌山市民而言打击巨大，几乎二战刚一结束市民就立即开始制定重建计划，但始终未能落实。直到 1957 年，市民们的捐赠金额才终于达到了可开工金额的半数左右，于是开土动工，并于次年竣工。

指导建设了大阪城天守阁的天沼俊一也参与了和歌山天守的重建设计，烧毁前绘制的各类平面图和照片，以及建造时的图纸等都发挥了作用。重建建筑的外观与被烧毁前几乎完全一致，但有所不同的是改为了钢筋混凝土结构，内部空间也增加了博物馆与观景台的功能。

和歌山天守直接由市民出资建设，采用钢筋混凝土结构，外观重视历史性，内部则符合现代市民社会需求，这些显然都是以大阪

烧毁前的和歌山城天守
资料来源：文化财保
護委員会編『戦災等
による焼失文化財　建
造物篇』（1964 年）

再现的和歌山天守。与
上图同一拍摄角度

城天守阁为范本设计的。

采用钢筋混凝土结构可能是为了防止再度被烧毁，以及受到战后的建筑法规对建造大型木构建筑的限制。但除了这些出于实际因素的考量外，恐怕最主要是为了满足战后日本社会对市民设施的需求，才选择以大阪城天守阁为重建范本。

尽管大阪城天守阁与和歌山城天守的外观都强调历史性，但在具体处理上有着根本性的不同。大阪城天守阁虽然按历史上的风格重建，但毫无疑问是全新创作的建筑，和歌山城天守则试图"再现"过去，这一重建极其准确地复原了过去的面貌，那些对烧毁前的建筑记忆犹新的市民都认可其还原度。

与和歌山城天守同年重建的广岛城天守，也采用了完全相同的重建方案。

广岛城天守建造于16世纪末，1931年被指定为国宝，一直对市民开放。1945年8月6日，该建筑在原子弹爆炸引发的气浪冲击下倒塌。

战后几年间，广岛城天守遗址都处于无人管理的状态。1951年该地区被用作体育文化博览会会场，当时建造了一座原天守的仿品，在天守旧址临时安置了半年。尽管这座仿造建筑比原天守要小一圈，外形也有差异，仍然唤起了市民们对原天守的怀念，在市民间掀起复兴的热潮。

不久后的1953年，广岛城遗址被认定为史迹，规定保护城址全域。广岛城作为日清战争时期的最高统帅驻地，遗址中保存着大量的历史信息。重建者在权衡之下，最终于1958年决定仅将天守按旧平面图在旧址重建，并用作广岛复兴大博览会的会场。

如博览会的宗旨所示，再现的天守顺应了市民希望回到和平过去的强烈愿望，象征着广岛在经历原子弹爆炸后的复兴。与和歌山城天守一样，重建的广岛城天守外观重现了倒塌前的面貌，内部增设了观景台和博物馆（广岛城乡土馆）等公共设施。

和歌山和广岛都以大阪城天守阁为范本重建了天守，复活了城下町的地标景观。从内部功能来看，毫无疑问这些天守是现代公共建筑，但因为外观几乎与烧毁前一模一样，所以这些天守不仅对城市形象而言与原物别无二致，对市民来说，也是仅仅在记忆中短暂消失了一阵而已。

再现的天守，在面貌上与历史和记忆相呼应，将持续而痛苦的战争记忆一扫而空，重新作为城下町的骄傲获得了市民们强有力的支持。因此日本在战后创造了许多"复兴天守"。

再现的影响：从鹤城到丰田城

除了和歌山与广岛外，名古屋城天守（1945年5月14日烧毁，1959年重建）与冈山城天守（1945年6月29日烧毁，1966年重建）也属于复兴天守。这两座天守都以大阪城天守阁为范本，借助战前的平面图和照片等资料对外观进行了高精度再现，并将内部作为公共场所对外开放。

名古屋城天守及其内部

尽管市民为战后复兴天守的建设所费不赀，但重建仍是以市町村一级地方政府为主体。战前，这一等级的地方政府仅仅是府县的下属机构，权力受限于府县。1947 年日本制定了《地方自治法》，开始允许地方政府拥有独立财政收入。地方政府建设复兴天守主要是希望将城堡作为对市民开放的公共场所。外观忠于历史，内部对市民开放的大阪城天守阁，既符合城堡作为史迹的价值评价，也符合战后的地方自治思想，还能够抹平战争的记忆，因此迅速影响了日本各地。从该意义上来看，复兴天守是用来整合战后社会的时代产物。

此处所述的再现，其手法具有很强的灵活性，从基于实测平面图等资料进行高精度正确还原，到基于学术讨论进行近乎创作的还原，都属于再现的范畴。像复兴天守这类历史上的面貌依旧留存在广大市民心中的建筑物，重建时须进行正确的再现；但对于那些已失去原物太久的建筑来说，近似或想象没有差别，人们难以觉察新建筑与原物的不同，落成后带来的视觉感受也几乎无异。这也是为什么那些已失去天守很久的城市同样纷纷计划重建天守。

1874 年被拆除，1965 年重建的会津若松城（鹤城）天守阁是依照老照片重建的，再现的精度甚至不如复兴天守。但是在消失约 90 年后，还记得天守拆毁前面貌的市民早已不在人世，所以这里是完全创造了一个全新的城市景观会津若松城天守。这种再现天守与恢复市民记忆里旧天守形象的复兴天守有着根本区别。

与鹤城的重建前后脚，小田原城于 1960 年作为小田原市市政运

再现的鹤城天守阁

行 20 周年的工作项目落成。虽说是以 1870 年因废城而解体的天守为范本建造的，但同样有创作的部分。

鹤城和小田原城因为都曾经有过天守，尽管再现的精度不高，却也依旧能够传达出历史意义。不过，再现的影响力不光传到了曾有过城堡的城市，也传到了历史上并未建设过城堡的城市。

1967 年在千叶家的宅邸——亥鼻城遗址上修建的千叶市立乡土博物馆，因外观模仿了天守而得名"千叶城"。但当地历史上从未有过天守。相同的事例还有滋贺县的长滨城历史博物馆（1983 年建成）和茨城县常总市石下町地域交流中心（1992 年建成）。

石下町地域交流中心俗称丰田城。常总市网站主页在文字介绍

长滨城历史博物馆

中并未隐瞒创作的事实，称："当时并没有石垣与天守阁（高 48.5 米），只有茅葺屋顶宅邸。"也就是说这并非再现，仅仅是借用了天守所具有的象征性意义。

如前文所述，尽管在精度上灵活性很大，但再现工作的展开仍应尊重发掘成果，以文字史料和绘画史料为参照，在与同样时代的建筑遗构做对比后，于众多限制条件之下进行。有了这些限制，再现的"正确性"才有保障，否则就只是毫无根据的幻想。

史迹改造与再现：首里城

战前，日本对史迹保护的态度倾向于不随意干涉，维持现状。但自开始建设复兴天守的 20 世纪 50 年代后期以来，日本步入了经济高速增长阶段，城市区域的地价不断飙升，大家开始思考是否要对史迹进行利用，而非继续闲置。

虽然在史迹保护土地内再现复兴天守与以往史迹保护的方向相悖，但复兴天守作为漫长战争时代结束的象征获得了极高的赞誉，反而推动了史迹保护改变方向。

为此，日本文化厅的前身——文化财保护委员会在 1965 年开始了"史迹等保护改造工作"，确定了在历史遗迹内建设公园与学习场所的改造方向。虽说如此，但初期的改造内容仅仅是最小限度地设置公厕等必要的便民设施，也不要求其外观刻意制造出历史感，相反最好像皮肤上的痣一样不易被发觉才好。然而进入 20 世纪 60 年代末，以城市居民为中心的社会舆论愈发强烈地要求将史迹改造为公共场所。

在这一时期，对地下文物的发掘积累了相关资料，文化财建筑的修复也使得人们详细了解了各时代的建筑技艺与技法等信息，因此通过遗迹来推断原建筑物形制的学术能力获得了飞跃。各地对文献史料、绘画史料与老照片的归纳整理，也营造出了一种可便捷调取江户至明治初期大量资料的环境。这使得全方位应用学术成果，实现高精度的"正确"再现成为可能。同时，在20世纪70年代中后期，法律上放宽了对《建筑基准法》的限制，营造出了一个宽松的环境，允许建造此前被禁止的大型木构建筑。

在这些变化的影响下，首里城正殿成功再现。

首里城曾是琉球王国的宫殿，也是接待来访清朝使节的外交机构。日本强行合并琉球后，1879年（明治12年）尚泰王退位，此后首里城逐渐荒废，在被用作学校时社会上还讨论过是否应拆除。

烧毁前的首里城正殿

资料来源：『戦災等による焼失文化財 建造物篇』前揭

对于面临危机的首里城，古社寺保存会委员伊东忠太等人自建筑学角度给予了高度评价，借创建于首里城内的冲绳神社的名义，将首里城作为社寺建筑，于1925年根据《古社寺保存法》将首里城正殿（冲绳神社拜殿）认定为特别保护建筑（后认定为国宝）。这为首里城正殿开辟了一条保护路径。1932年首里城正殿进行了大修，恢复了往日的荣光。此外，工艺美术家镰仓芳太郎（毕业于东京美术学校，1898~1983）与建筑工程师阪谷良之进（同上，1883~1941）所做的详细调查也为之后的再现工作贡献颇多。

但仅过了13年，1945年5月，首里城就在美军的舰炮射击下燃烧殆尽。战后，尽管冲绳在美军管理下仅有守礼门于1958年重建，但守礼门作为冲绳的象征被印在邮票等物品上广泛传播，重建正殿等其他建筑只是时间问题。

在二战结束近30年后，1972年5月，冲绳的行政权被重新移交给日本，首里城即刻被指定为史迹，从石垣部分开始重建。20世纪80年代其他建筑的重建计划也制定完成，正殿的内部空间形制、各部分设计乃至结构与材料都将采用与烧毁前相同的技艺再现。制定重建计划时不仅参考了战前留下的平面图、照片和记录，还对相关人员进行了详细的采访，在周密的讨论中有条不紊地进行着修复工作，最终于1992年完工。

在冲绳民众看来，再现的首里城正殿能够抚平战争伤害与战后被美军占领等苦难，是冲绳复兴的象征。2019年10月首里城正殿

再现的首里城正殿[1]（外观）

失火，大量建筑被毁，市民们悲痛欲绝，这也从侧面反映出首里城正殿的巨大意义。

以上就是首里城正殿从毁灭到再现的经过及其所具备的意义。虽然自烧毁至重建所经历的时间不同，但首里城正殿与和歌山城天守、广岛城天守有着相同的特性。从这一角度来看，可以说首里城正殿也属于复兴天守。

不过根本性的差异也同样存在。战后的复兴天守为钢筋混凝土

1　1992 年重建完成后，2019 年被烧毁之前的首里城正殿。下图亦同。——编者注

结构，内部空间通常是博物馆、观景台等公共设施，最基本也是现代化的公共场所，仅有作为城市象征的外观是依据历史塑造的。

首里城正殿则无论结构、内部空间还是材料，都是对历史的完全再现，没有任何用于展出的空间，唯一能观赏的是建筑本身。正是由于这一特性，如果单从观者角度衡量，将该建筑视为与真正的历史建筑等价的存在都不为过。如果能将建筑继续如此保存50年甚至100年，恐怕便难以分辨其是否属于后世重建的了。

再现的首里城正殿内部

通过再现出场的历史：挂川城

首里城正殿采用传统木构技艺进行重建，将建设复兴天守的手法带入全新阶段，这一方法由此风行日本全国。

静冈县的挂川城是16世纪末作为山内家的居城修筑的，其天守在 1854 年（嘉永七年）安政东海地震中受损，此后一直荒废闲置，直至 1869 年彻底坍塌。1994 年重建挂川城天守阁时，这类刚步入明治时期就消失的天守，由于缺少江户时代的相关资料，不得不参考山内家在挂川城之后又统治过的高知城天守的形制。

值得注意的是，重建的挂川城天守阁采用了江户时代建造时所用的传统木构技艺。尽管挂川城天守阁无论是外观还是内部与其在江户时代原貌相同的可能性都很低，但仍然属于它在江户时代可能存在的面貌。天守阁并未被赋予博物馆等额外功能，内部空间得以充分展示。次年，挂川城大手门也以同样的方式得到再现。

和歌山城与广岛城的天守阁是在其因战争损毁后的 15 年内重建的，市民可以根据记忆判断重建的建筑是否与战前一致。正是因为其外观有着任何人通过眼观就能确定的"正确性"，所以内部即使完全变成现代化设施也毫无问题。

挂川城天守阁则不同，它在消失了近 150 年后才开始重建，而且几乎没有相关史料留存，无法比照原物确认再现的正确性。虽然这么说有失妥当，但重建天守包括内部结构在内全部采用传统木构，恐怕只是为了消除这种怪异感，强调真实性。

此外，挂川城中由于御殿这一建筑的存在，还出现了一个有趣的现象。

挂川城中至今尚存 1855 年（安政二年）至 1861 年（文久元年）重建的御殿（重要文化财）和门番所等建筑。因此，挂川城内呈现真

挂川城天守阁的外观与内部

正的历史建筑（御殿、门番所）与基于江户时代技艺和想象再现的建筑（天守阁、大手门）并存的情况。两种建筑虽然实际建造时间不同，却共同营造出了江户末期的历史空间。不过，这并不是真正"正确"的过去，而是"可能"的过去，或者说是在现代选择下理想化的过去。

不同时代的共存与再现：出岛

进行再现的时候，想要再现的历史时期、最值得再现的历史时期等现代价值判断常常难以被厘清。挂川城中，留存下来的御殿与再现的天守整体上和谐呈现的是江户时代末期的景象，然而，也存在由于难以抉择，最终打造出多时代混合的不可思议空间的情况。长崎市的出岛便是其中之一。

出岛是江户时代在锁国政策下日本唯一可以与西方进行贸易的地方。江户时代，这里遍布以日本建造技术修建的"荷兰商馆"，但在幕末开埠后，面貌就发生了巨大改变，荷兰商馆消失，西式洋馆取而代之。不久后的 1904 年，长崎又实施填海造陆，将出岛与周边城区连接了起来。

对出岛的保护始于 1922 年，那一年出岛被指定为史迹。1951 年，出岛土地开始逐步国有化。1982 年，长崎市计划改造出岛，将出岛建设为公共用地。

改造筹划之际，出岛上已经完全没有了江户时代的荷兰商馆，但还保留着幕末的石质仓库和明治时代以来建造的多栋洋馆。可以说已经没有一栋建筑可以展现江户时代通商口岸的风貌，但还有着许多建筑可以展现长崎近代景观。

出于对史迹价值的重视，最初长崎市曾讨论是否要拆除近代洋馆，再现荷兰商馆。但同时，长崎市也正在计划将山手等地区残存的洋馆作为街道的一部分整体保护起来。作为一个独立的城市整体，倘若一边拆除，一边保护，显然自相矛盾。

为了消除这一矛盾，1996 年长崎市制订了《复原改造计划》，在上述讨论的基础上开始了再现工程，并于 2006 年完成了第一期。该计划的方针是将旧出岛分为三个区域，在不同区域保护并再现不同时代的风貌。

西侧区域基于发掘成果和荷兰现存建筑模型等史料，再现了 19 世纪初期西博尔德[1]曾生活过的荷兰商馆群。中央区域保存了江户时代末期建造的石质仓库。东侧区域则保存了出岛神学学校和内外俱乐部、洋馆等明治之后的景观。

出岛保存了洋馆和石质仓库，并通过严谨考证尽量还原了荷兰商馆，可以说尽可能地融入了历史元素。各部分都严格遵照历史的结果，是出岛作为一个整体，在极小的区域内同时存在着三个不同时代的痕迹，展现了历史上从未出现过的景观。

1　菲利普·弗朗茨·冯·西博尔德（Philipp Franz von Siebold, 1796~1866），德国医生、博物学家、日本学家兼收藏家。1823年来到长崎的出岛，收集了大量日本列岛上的动物、植物、家庭用品与手工器具等。他的藏品后来成为研究日本博物学和民俗学的重要基础。

出岛，再现的荷兰商馆

出岛，幕末的石质仓库

出岛，明治时代的洋馆（旧出岛神学学校）

再现的顶点：熊本城

首里城正殿和挂川城天守阁的再现，推动了包括使用原材料和原构造技艺在内的高精度再现技术在日本全国范围内的应用。进入 21 世纪后，各地都开始使用再现手法创造当地独有的象征建筑。

代表事例之一是熊本城的再现。2012 年，熊本市升级为政令指定都市[1]，借此之机熊本市决定依据历史对熊本城进行大范围改造，

---

1 日本基于《地方自治法》设立，基本条件为全市人口须超过 50 万，获指定的市能拥有较其他市更多的地方自治权力。目前共有 20 个市。

尝试对其进行多方位的保护和再现。

　　熊本城是战国时代由加藤清正与细川忠利先后建造的大型城堡，明治维新后，部分建筑被拆毁。1877 年西南战争中，大小天守等建筑物被焚，损失惨重。不久后，熊本城又成了熊本镇台、陆军第六师团的驻地，进入昭和时代后甚至逐步转为军事设施。1933 年，熊本城被认定为史迹，残存的宇土橹等 13 处建筑被认定为国宝，二战期间又幸运地躲过了数次空袭，留存至今。二战后，1953 年熊本城作为公园正式对市民开放，1960 年作为国民体育大赛的会场增设了棒球场、网球场和泳池等设施，同时根据老照片等资料以钢筋混凝土结构再现了具备博物馆和观景台功能的天守阁。

　　自废城导致荒废开始，熊本城经历了军用、作为遗址被保护、公园化并对市民开放、以大阪城天守阁为范本再现天守阁等一连串的变化。虽然被烧毁的时间各自不同，但熊本城天守阁的经历也是复兴天守的普遍经历。进入 20 世纪 70 年代，旧城遗址范围内先后建立了熊本县立美术馆（1976）和熊本市立博物馆（1978），这是考虑到遗址公园需对市民开放，因此并未基于历史考量选址。

　　1993 年细川刑部官邸迁入熊本城内，成了改变这一现状的契机。细川刑部官邸曾是细川支藩大名的宅邸，包括其附属房屋和庭园在内，被原封不动地迁至熊本城第三层围墙外西北侧。该官邸并不是熊本城内原有的建筑，却营造出一个独特的历史空间。

　　1997 年，当地制定了针对整座熊本城（约 98 公顷）的《熊本

再现的熊本城天守阁

熊本城天守阁顶层内部

熊本城本丸御殿及内部

城复原计划》，以再现城堡中心区域建筑为主要目标，积极开展筹备工作。其中，戌亥橹与未申橹于2003年、饭田丸五层橹于2005年、本丸御殿于2008年先后采用传统木构技术再现。其中饭田丸五层橹因在2016年熊本地震中仅凭角石支撑而未曾倒塌，被称为"创造奇迹的石垣"。

综合观光设施"城彩苑"位于城堡中心区域西南侧外部，这里不仅有观光咨询处和以熊本城为主题的博物馆，还有一片使人想起古街道风貌的区域（樱花小路），是熊本旅游的窗口。

站在熊本市中心，每天都能看见再现的天守阁，以及本丸御殿的大屋顶，二者是这座城市当之无愧的象征。从这个层面上说，熊本城通过再现极大地提升了自己作为城市象征的意义。2016年熊本发生地震，震后当地市民立刻开始着手熊本城的修复工作，这一点也体现出了熊本城的城市地标特性。

从市区看到的熊本城天守阁和本丸御殿（2012）

　　如今熊本城真正的历史建筑，有包括宇土橹在内共计13处重要文化财以及石垣，还有1960年仅再现了外观的大小天守阁和20世纪90年代内外均进行了再现的木构本丸御殿等。虽然建设时期各异，却在位于熊本城东南的城堡中心区域共同创造了一个统一和谐的江户时代末期景观。

　　用传统木构技艺再现的本丸御殿，虽然不能保证是江户时代的原貌，但这是建立在严谨考证之上的，因而与宇土橹等真正的历史建筑区别甚微。恐怕再过半个世纪，如果不特意说明，将没有人能觉察出二者的差异。但仅用钢筋混凝土结构再现了外观的大小天守阁，只要走进立刻便会觉察出不同。战后在社会的期望中建造起来的钢筋混凝土天守，在现代反而成了一个异类。

不止熊本城，名古屋城 1959 年使用钢筋混凝土重建的天守也遇到了同样的问题。名古屋城天守是和名古屋城本丸御殿在同一时期因空袭被烧毁的，本丸御殿 2018 年采用了传统木构技艺再现，因此再现传统木构天守一事重新被提起。

这当中的原因固然有混凝土的寿命等，但天守和本丸御殿之间强烈的不协调感恐怕同样是一个重要因素。重建木构天守，确实可以驱散这种不协调感，但这也等于否定了战后的公民社会对钢筋混凝土天守的追求。这是对自己所选择的历史的否定。

再现的意义

本章尝试阐明保护和再现城堡的意义。

重建已毁建筑是基于现代价值观的行为。所谓恢复建筑旧貌的再现，也只能说是一种重新设计建筑物的手法。

再现常常被看作是与历史建筑修复、复原相对立的伪造手法，批评声不绝于耳。但现代日本的再现并非凭空出现，而是建立在明治时代以来日本重视复原历史建筑的基础上，再现建筑与修复过的历史建筑传达给现代社会的信息是几乎一致的。

20 世纪 90 年代后，战后建造复兴天守所采用的再现手法被积极运用于日本各地的史迹重建之中，有着极强的社会感召力。这一力量源自再现建筑与原物的高度相似。因此近年来，各地进一步追求使用传统木构实现更高精度的再现。

但这同时也加大了区分历史建筑和再现建筑的难度。通过再现历史建筑，可以创造出一片极具历史意义的空间。尽管人们看到的不过是历史上可能存在的面貌之一，但能够亲眼看到实物的意义依旧是巨大的。

换言之，由于受史料的制约，再现具有其他方式无法比拟的创造性，能够将理想化的过去通过视觉呈现给现代社会，因此再现才能在日本各地落地生根。但我们必须时刻意识到，我们所看见的，不过是再现时人们有意选择的某个理想化的过去。

第五章

保护与利用：民居与近代建筑

民居与近代建筑

明治初期，许多古建筑在神佛分离令与废城令的喧嚣中倒塌，突如其来的破坏促使人们重新认识到古建筑身上一度被忽视的价值，保护这一意识应运而生。正如本书已多次重复的——破坏是价值发现与保护之母。

但在近代，日本古建筑受损最严重的并非这一时期，而是二战及战后。二战末期，许多城市遭到空袭，大量建筑物被摧毁；到了战后的经济高速增长时期，城市与农村更是无差别地飞速变化着。

城堡作为城下町的象征，因其价值得到了大众认可，毁于兵燹后不久便通过再现重复荣光。但民宅与明治以来修建的近代建筑，由于其价值在当时尚未得到广泛认可，许多甚至来不及留下任何记录便彻底消失了。

通过前四章的内容可以看出，江户时代对社寺建筑与城堡建筑价值的认知虽然还很朦胧，但已经出现；明治之后日本社会对两者价值的评价逐步深化，并且建立了以保护为目的的社会制度。民居与近代建筑则完全相反，在昭和时代之前，几乎无人在意其作为历史遗留物的价值。

因此，可以说民居和近代建筑是近代社会新"发现"的事物。本章的第一个主题便是讨论在战前至战后的这段时间里，民居与近代建筑的价值是在什么时候、如何被发现的，社会又是怎样探索出保护之道的。

第二个主题是民居与近代建筑的用途，这是它们能否得到保护的决定性因素。社寺与城堡在改作现代用途时，并未面临太大阻碍，但对于民居与近代建筑，特别是位于城市的近代建筑而言，如何利用是最重要的课题，保护方法乃至时机都会左右人们对建筑价值的认知。

发现民居：收集民居与民艺

民居广义上指所有住宅，狭义上则指江户时代普及的、外观形制具有一定共性的农民、市民及中下层武士的住宅。虽说是狭义，但由于时间跨度大，明治时期民居数量已无比庞大。不过，除了第一章提及的千年家这类特殊案例及部分已接近贵族住宅的上层农民、市民的住宅外，大部分都未曾作为文化或历史存在得到过关注。

明治末期兴起的民俗学第一次发现了这些民居的文化价值。内务省官员柳田国男（1875~1962）大力提倡日本民俗学，自明治末期开始便奔赴日本各地农村考察，重视那些未留下文字记录的风俗习惯。柳田国男的研究活动从一开始便有建筑从业者参与，1917 年白茅会[1]成立，开始以关东近郊农村为中心展开民居调查工作。

民居调查的核心人物是毕业于东京美术学校的建筑师今和次郎（1888~1973）。今和次郎因倡导严谨记录社会现状的"考现学"[2]而闻名，他在民居调查中将准确的数据以图纸和照片的形式记录下来。当时这一"民居采集"活动在日本各地广泛开展。

除室内装饰外，民居采集还调查了民居中家具的配备情况、居民的生活方式以及风俗的传承，查明了日本各地农家建筑的特有形制和用途。不过民居采集也有不足之处，例如调查中并未将民居作为历史遗留物来看待，对民居建筑年代和变化过程等问题的探讨也流于表面。

这类民俗学方向的调查自 20 世纪 20 年代正式开始。此时一战刚结束不久，受经济萧条与昭和恐慌[3]等事件的影响，日本经济阴云密布，农村更是一片凋敝景象。面对这一情况，掌管日本内政的内务省考虑到占日本国民多数的中农阶层一旦破产，势必成为日本社会的不安定因素，因此开展了以逐步改造农村为目的的各类调查工作，许多建筑师与建筑学者都参与了这时的农村住宅调查工作。

1　一个由建筑家和民俗学者共同组建的民居研究会。

2　考察现实生活中事物的学问。就时间性而言与考古学相对，就空间性而言与民俗学相对。

3　受 20 世纪 20 年代末世界经济危机影响，于 1930~1931 年发生的日本经济危机。

这意味着民居采集不仅是民俗学的学术焦点，也是日本解决内政问题的方向。

白茅会编纂的《民居图集》与民家研究会编纂的《民居》两书汇集了当时民居采集的成果，不仅记录了日本各地的民居案例，还介绍了世界各国民居以及民居建筑的改造方案。从刊载民居改造方案这一举动可以看出，此时民居尚被视为应接受改造的对象。

虽然民居一开始遭到了此类负面评价，但在采集过程中，高级民居所带来的震撼，加上欧洲新兴的艺术运动对生活用具与民居的大力推崇，使得日本对民居的看法不久便随之改变。

19 世纪后半叶英国兴起了工艺美术运动，这一运动反对粗糙的工业制品，主张发现地方手工艺品的价值，以实现生活与艺术的和谐为目标。该运动为日本的民俗学者和艺术家提供了积极评价民居的视角。其中柳宗悦（1889~1961）对日常生活用具的重新评价以及他所主张的"民艺"[1]运动都是该思潮的产物。

建筑界也掀起了评价欧洲各地特有建筑的风潮。20 世纪 20 年代，荷兰出现的阿姆斯特丹学派尝试借用民居外观和材料来建造新建筑，这一学派高度赞扬了作为生活用具之一的民居以及产生于德国和奥地利的否定装饰的建筑理念。该学派思想出现后不久便传播至日本。

1　柳宗悦自创的词语，意为"民众之工艺"。民艺运动强调发现日用品的"用之美"，主张实用之美、民众之美、自然之美、健康之美与传统之美。这一运动宗旨对日本近现代设计理念产生了巨大影响。

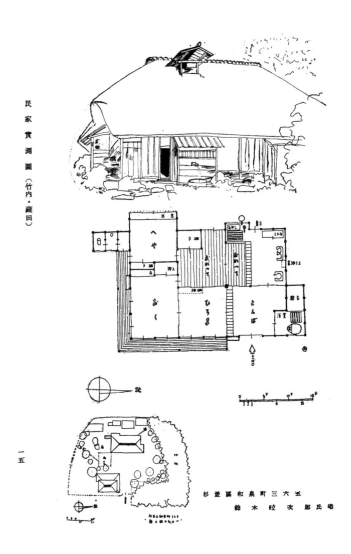

民居采集。刊于民家研究会官方刊物《民居》(1936)，以速写的方式记录当时的民居

资料来源：民家研究会编『民家』復刻版（柏書房，1986年，原著は1936年）

在这一全新建筑评价标准的影响下，昭和初期日本出现了许多以民居外观形态和平民生活方式为灵感的新建筑。如日本近代数寄屋[1]巨匠吉田五十八（1894~1974）设计的建筑。

综上所述，日本人对民居的看法短期内发生了翻天覆地的改变。民居从作为实况调查和改造的对象，到基于民艺思想受到重视，最终演变为造型设计中的一种新规范。但昭和初期至战前的这段时间里，高度评价民居的声音主要来自民俗学、建筑学及部分艺术家。因此战前，日本仅有大阪府羽曳野市的吉村家住宅（1937 年入选）与京都市的二条阵屋小川家住宅（1944 年入选）两栋民居入选国宝，入选的理由也并非其民居属性，而是与上层武士住宅的相似度和史迹价值。

发现近代建筑：日本桥、尼古拉堂与鹿鸣馆

与民居一样，至 20 世纪 20 年代时，明治时代才开始出现的"近代建筑"也逐渐得到人们关注。需要先声明的是，"近代建筑"一词有多重含义，本书中仅指日本历史上幕末以来受西方影响建造的建筑。

在明治时代，近代建筑是刚竣工不久、尚在使用中的建筑，其新奇的面貌作为西方文明的象征被日本人积极地接纳。但在明治时代还未结束时，日本人对近代建筑的态度就发生了改变。民族主义

1　日本住宅样式，是茶室风格的意趣与书院造式住宅融合的产物，意境古朴高雅。

梅尔维克公园（Park Meerwijk）住宅

[玛格丽特·斯塔尔－克洛普勒（Margaret Staal-Kropholler）设计，建于 1928 年]

以民居外观和材料为灵感的荷兰建筑案例

资料来源：『新建築』4 卷 5 号（新建築社，1986 年）

吉田五十八旧宅（建于 1944 年）

者将近代建筑视为破坏日本原有风貌的杂质，不过也有人客观评价其为近代社会的构成要素。

黑田鹏心（1885-1967）是一位基于美学观点研究建筑与城市的人物，他在关野贞的举荐下结识了许多建筑师。黑田鹏心于1915年编纂的《东京百所建筑》一书以城市美的视角，对东京的近代建筑进行了筛选。黑田鹏心并未从实用或经济角度来评价建筑物，而是有意将其视为城市景观的组成部分，给出基于美学的评价。他强调建筑物拥有文化价值的做法具有划时代的意义，尽管仍有一定的时代局限性。

不久后，堀越三郎（1886~1972）于1929年发表了《明治初期的西洋风格建筑》，该文章是一篇以明治初期，即近半个世纪前日本建造的西式建筑为对象的学术研究论文。近代建筑自此开始成为历史研究的对象。

随后，为庆祝建筑学会成立50周年，以堀越三郎为核心的学者们筹划了"50年的建筑"纪念展览会。展览会的图录《明治大正建筑摄影聚览》（1936）收录了250栋近代建筑照片，并标明了五条入选标准：代表所在时代、闻名于世、具有某种独特的建筑特征、对建筑界影响深远，以及有多位设计者参与设计。

除第二条外，其他几条都是从建筑美学、建造技术和参与者角度出发的价值评价标准，以建筑学为基础的近代建筑评价方法由此开始出现。

《东京百所建筑》刊载的近代建筑（警视厅）

资料来源：黒田鵬心編『東京百建築』（建築画報社，1915 年）

　　值得留意的是，对近代建筑的评价始于 20 世纪 20 年代至 30 年代，这一时期建筑学正面临着剧烈变革。以砖石堆砌、引用西方历史风格设计的建筑成为过去式，以钢结构或钢筋混凝土结构搭建、遵循新的造型理念与功能设计原则的建筑逐步登上历史舞台。明治早期建造的建筑物刚建成不久便沦为老式落后的建筑，实用性大打折扣，也因此这一时期的建筑逐步从实用建筑转为历史评价的对象。堀越三郎的研究以及建筑学会的图录都是在这一建筑学变革下产生的。

　　在这一时期，1923 年发生的关东大地震摧毁了大部分的老式建筑。灾后重建的理所当然的是防震性能高、功能性强的新式建筑，但也有几例修缮方案讨论了老式建筑的历史评价与保护问题。

其中一例是东京的日本桥（重要文化财）。作为道路起点而闻名的日本桥是一座由米元晋一和妻木赖黄共同设计的双拱石桥，落成于关东大地震发生之前 12 年即 1911 年。灾后修缮时，人们替换了结构中因地震引发火灾而受损的石料，使之恢复了建设之初的样貌。不过，在讨论修缮方案时，也曾探讨过是否要维持受损状态，以让后人铭记关东大地震造成的创伤。

此外，康德设计的尼古拉堂（东京复活大圣堂，1891，重要文化财）的穹顶也在地震中坍塌，教堂内饰亦受损严重。虽然最终敲定的修缮方案是重建，但也曾讨论过是否要保留废墟状态。修缮工作由东京美术学校兼早稻田大学教授冈田信一郎（1883~1932）负责。修缮方案按希腊东正教会的要求进行了相应修整并改动了穹顶的形状，改动之大甚至可以说是新建了一座教堂。

上述两例建筑都经历了地震这一前所未有之大灾难，选择修复方针时，除了如初复原外，还曾讨论是否要保留废墟状态。这一讨论除了受到来自古罗马遗迹的"废墟美学"的影响外，也与第四章提及的史迹保护理念相近。此时可以看出评价近代史迹的意识开始萌芽。

但这两例都是受灾的特殊事例，真正要选一处在战前就得到了较高评价的近代建筑，恐怕鹿鸣馆才是最贴切的例子。

1883 年由康德设计建造的鹿鸣馆一度是日本上流社会聚会的风雅之所，但其真正的建造目的是此时日本欲修改与西方列强签

尼古拉堂修缮前后对比。可以看到穹顶和尖塔的形状变化

资料来源：黒田鵬心編『東京百建築』（建築画報社，1915 年）

鹿鸣馆

资料来源：藤井惠介·角田真弓编『明治大正昭和建築写真聚覧』（文生書院，2012 年）

订的不平等条约，尝试将体现西式生活的鹿鸣馆作为西方认可日本的窗口。修约失败后，鹿鸣馆存在的意义也就消失了。失去价值的鹿鸣馆不久被出售，几度转手，于 1894 年成为华族会馆。在关东大地震后因受损而被弃置，最终于 1940 年在一片寂寥中被拆毁。

根据鸟海基树的研究，时人很清楚鹿鸣馆是明治时代上流社会的象征，然而随后在出售等一系列操作中，尽管能看到一些评价在暗示鹿鸣馆的文化价值，也未能阻止鹿鸣馆被拆毁。但是纵观当时的风气，可以说根本原因是时人看来，为了满足战时体制和城市发展的需求而进行拆除是理所当然的事。

日本战前的建筑发展在 1937 年达到顶峰，随后便因步入战时体制而急转直下。随着战局恶化，除军需建筑外一切大型建筑的兴建都停止了。在此期间，围绕着近代建筑文化价值的讨论也销声匿迹。

综上所述，对明治之后建造的近代建筑，战前日本已经出现了相应评价，认可其文化与历史价值。但这一学术动向并未激起浪花，认可的观点也仅限于学术与史迹角度，在日本步入战时体制后，这一声音也随之消失了。

作为文化财的民居

如前文所述，战前日本已经出现了基于民俗学和建筑学观点的对民居的评价。1950 年，这一评价的背景由战前的《国宝保存法》替换为《文化财保护法》，民居被置于文化财的保护框架下。

在《文化财保护法》中，民居被放入了两个不同的单元。列入"民俗文化财"的民居接受的评价是从风俗习惯或工艺的角度出发，着眼于发生在建筑内的行为活动，对建筑本身的评价则居于次位。与社寺、城堡一同被列入"有形文化财"的民居，所接受的价值评价则是基于建筑本身。正是因为民居所具备的双重性，评价民居的主体也由民俗学与建筑学二者共同组成。

尽管战前已经出现了从建筑角度评价民居的声音，但当时相关观点尚不明确，因此日本建筑学界亟待讨论如何评价作为有形文化财的民居。1954 年，日本文化厅的前身文化财保护委员会开始对宫崎县椎叶村、富山县五箇山等地进行调查，为确立评价基准做准备。为了普及调查方法，在本次调查所得信息的基础上发行了调查手册《如何调查民居》，同时于 1966 年在日本全国范围内开始了"民居紧急调查"。

这次民居紧急调查是以建筑史学研究人员为中心，由日本各都道府县负责实施，目的是查明日本经济进入高速增长期后正在迅速消失的民居特别是乡村住宅的位置，并列出候选保护对象。

战前的民居采集最常采用的方法是现状调查，而由于民居紧急调查将民居视为历史遗留物，因此修缮社寺建筑时开创的复原考察手法（见第三章）也被引入调查之中。

具体来讲，该方法是先绘制图纸记录建筑房间布局现状，详细写明梁、柱等主要构件的残留痕迹，以此推算其改建履历，查明每一栋建筑的改造过程。然后再对同一地区的民宅进行比对，弄清历史变化的整体趋势。倘若有"建造时的账簿、单据"等文字记录，或是构件上留有可以查明建造日期的文字信息，则以该年份为准，推断变迁的过程。

在民居紧急调查之前，人们普遍认为民居作为农村社会封闭性的产物，极具地域特征，且这一地域性是自原始时期一路延续至今，不曾改变。但将民居按历史时期进行归纳整理后，却极大地改变了人们对民居的看法。

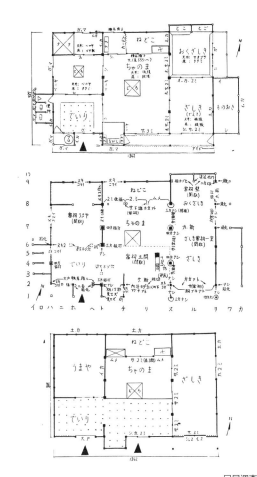

民居调查中的复原尝试

上图为调查时的房间布局，中图记录的是柱子等房屋主要结构上残留的改造痕迹，下图是尝试去除改造痕迹后对建设之初的房间布局的复原。从中可以看出，现在的卧室曾经是土间[1]和马厩，壁龛则是后来新设的。该内容摘录自早期民居紧急调查报告之一的白马村调查报告

资料来源：太田博太郎『白馬村の民家　長野県民俗資料調査報告　第5』

（長野県教育委員会，1964年）

1　没有铺地板的素土地面或仅铺三合土的地面。

民居观的变化

民居紧急调查查明的事项如下。日本 15 世纪前的建筑物已无遗存；包括第一章提及的"千年家"在内，日本 16 世纪的民居遗存已不足 10 栋；17 世纪的建筑遗存数量有所增加，但日本这一时期自东北地方[1]南部至中国地方[2]，也就是整个本州岛上，遗存民居在形制上并无太大区别。直到 17 世纪末，具有地域特色的民居才开始大规模出现，位于飞驒与越中[3]交界处的"合掌造"民居以其独特的外形闻名于世并入选世界遗产，其特殊的建筑形制与当时该地区发达的养蚕业有关。

由此可以推出，在日本农村具备耐久性特点的建筑最早出现于战国时代，这一时期整个本州岛普遍在建造这一类型的民居，直至江户时代中期，日本民居才开始呈现地域特征。以此为历史背景，出现了如下几个评价民居的角度。

第一是重视建筑物与民俗学的关联性，即基于与当代或近代民俗活动的关系评价建筑物。第二是重视建筑物作为历史学与建筑学史料的价值，由于 17 世纪及以前的建筑留存稀少，所以对于能够真实展现 17~18 世纪变化的建筑都应给予极高的评价。最古老的乡

1　日本本州岛东北部地区，包括青森县、岩手县、宫城县、秋田县、山形县和福岛县。

2　日本本州岛西部山阳、山阴地区的合称，包括鸟取县、岛根县、冈山县、广岛县和山口县。

3　日本古代律令制国名，现为地名，大致对应今岐阜县北部和富山县。

17 世纪的农舍北村家住宅（日本民居园）。低矮屋檐和封闭的外观是日本古民居的特征

村建筑箱木千年家正是因此于 1967 年入选重要文化财。第三是从构思、结构、空间角度予以评价，即以建筑的设计水准判断优劣。在这一角度下，岐阜县高山市的吉岛家住宅虽为 1907 年建造的新时期民居，但因其屋梁椽柱错落有致，土间意趣盎然，于 1988 年入选重要文化财。第四是根据产生的主要原因，对各地的代表性建筑形制进行评价。第五是将地基范围内所有建筑及田地视为一体，从农村景观角度或者说从农民的综合生活系统角度出发，对宅地构造展开评价。

　　20 世纪 60 年代末，随着评价角度逐步整理完善，民居的文化财认定工作也逐步开展，文化财保护制度随之扩充完善。1975 年通过的《文化财保护法》修正案中，"建筑与土地等其他部分作为整体共同构成价值"（第2条），该条款在制度上确保了上文民居评价角度中第四点"各地代表性"与第五点"宅地构造"能够得到落实。

该修正案通过后次年即1976年，德岛县福永家住宅入选重要文化财，保护对象除主屋外，还有离座敷（偏房，不与主屋相连）、土藏（外涂泥灰的防盗仓库）、纳屋（商业用仓库）、盐纳屋（盐仓）和薪纳屋（柴火仓）这五栋建筑，以及宅地和约7900平方米的盐田。土地与这一系列建筑之所以能一并成为重要文化财，显然是基于民居评价中宅地构造一项，是为了保护制盐设施的完整性。

以建筑群形式获评的民居福永家住宅（鸣门市）。宅中拥有整套海水制盐设施

不仅如此，1975 年的修正案中还将街区保护进行了制度化（第
2 条及第 141~146 条），同时明文规定允许地方政府制定当地的文化
遗产保护制度（第 98 条），作为民居紧急调查行动主体的地方政府
可以自主选择如何保护民居、生活用具和无形的民俗文化财。

民居的修缮和复原

民居固有的职能是作为普通百姓生活的场所，但由于居住者的
家族成员和生活方式会频繁发生变化，因此民居相应地也会频繁接
受修缮和改造。这些修缮和改造的施工水准普遍不高，尤其是明治
时代之后，大多是应付，以至于进入 20 世纪 60 年代，在政府开始
把民居认定为文化财时，大半民居都是危房了。

修缮民居首先要考虑的是维持基本居住功能。但如果以现代住
宅的标准来衡量古民居的话，出于舒适性和加固结构的需要，应进
行隔热、隔音、采光等处理，建筑内部的天花板、地板、门窗等结
构几乎都要更换，如果再考虑防火耐高温，连茅葺屋顶和外墙的木
材都存在问题，改起来未免伤筋动骨。

想要保存民居的文化价值和历史价值，就无法拥有现代住宅的
功能；想要将民居改造成现代住宅，就很可能破坏建筑作为文化财
的价值。尤其是那些历史能追溯到 18 世纪以前的乡村建筑，几乎无
法在这两者之间取得平衡。颇为遗憾的是，即使是现在，人们也没
找到能彻底解决问题的办法。

不过也有一部分民居，如大部分 19 世纪之后建造的农民住宅和武士住宅，可以做到在尽可能不破坏历史价值的同时维持居住功能。自 20 世纪 70 年代至今，通过对街区的保护（第六章将提及），逐渐在这方面积累了一定的修缮案例，也积累了一些诀窍。

近年来尝试以"翻新"之名将民居改造为现代住宅的做法颇为引人注目。这一现象固然值得高兴，但设计者与施工人员常常忽视民居调查中已明确的各种文化价值，也不参考街区保护所积累的修缮方法，在翻新过程中对建筑进行不必要的破坏和改变。不幸的是，此类事件至今仍在发生。

将民居建筑视作民俗资料而进行的修缮也有值得商榷之处。此类修缮重视在视觉上呈现近代生活空间，常在对建筑本身调查尚不充分的情况下进行创作，修缮后的建筑内部空间常常像仓库一样塞满了各种生活用具。

将民居视作历史学、建筑学资料，以及建筑本身的构思、结构、空间获得高度评价，此两种情况通常会因为肯定原貌的价值而被讨论是否应该进行复原。尤其是那些历史能追溯到 17 世纪前的遗构，由于数量稀少，大部分都在复原前针对构件精度进行了严密调查。不过，想要复原江户时代初期民居面貌的话，就必然会使其丧失作为现代住宅的功能，因此现在见到的大部分复原民居都是在脱离原所有者后，迁建并复原为展示建筑使用的。

此处值得注意的是，仅有少部分民居是为了复原而迁建，大部分都是所有者因改建而拆除建筑在前，迁建、复原在后。总体来看，民居想要复原，就必须先放弃其作为住宅的固有功能，这一点与寺社和城堡大相径庭。

民居园：川崎市日本民居园、合掌造民居园与托福横丁[1]

到了 20 世纪 60 年代末期，虽然民居的文化价值已经得到了一定的肯定，但相较而言其居住价值仍然更受看重，使得民居面临的破坏与拆除并未停止。为了保护民居，人们尝试迁走那些将被拆除的民居，在异地将其复原并开放参观。民居汇聚之所便是"民居园"。

此时的欧洲已出现了用于展示因近代化、工业化而消失的传统民俗与民居的户外博物馆，典型的便是瑞典的斯堪森（Skansen）博物馆（1891 年开馆），这为日本建造民居园提供了模板。

日本第一家民居园是 1956 年开园的大阪府丰中市"日本民居集落博物馆"，园中聚集了自日本东北地区至九州地区迁建而来的民居，多数为复原后展示。日本各地又陆续建设了多个这样的"民居园"，如关东地区于 1967 年开园的川崎市"日本民居园"。此外还

1　小巷。

有"四国村"（高松市，1976 年开园）与"陆奥民俗村"（岩手县北
上市，1983 年始建，1992 年竣工）等，再加上各地以保护遗迹为目
的建设的"风土记之丘公园"（1966 年始设）的附设民居园，如今
日本各地有民居园超 60 座。

　　参观者仅需参观一处民居园，就能对各地不同形制不同特征
的民居进行考察比较，建筑也可以不需要考虑所有者现代生活的
需求，完全按过去的状态复原。只是，将原本存在于不同地域、
形制各异的建筑置于一处，这固然创造了一片民居的世外桃源，
但也存在淡化民居原有居住功能、使建筑成为脱离原有布局选址
和生活环境的展示品的危险。

日本民居园的复原民居作田家住宅

白川村的"合掌造民居园"

　　许多民居园都意识到了这一缺陷，于是尽可能地弥补。川崎市的日本民居园在设计布局时给了各建筑独立的地块，彼此间存在阻隔，并保证它们按原方位排布。"冲绳乡土村"（冲绳县本部町，1980）则考虑了宅地结构的完整性，同时迁建了民居的围墙及其他附属建筑。

　　与户外博物馆相比，民居园还有一个不同的功能。岐阜县白川村"合掌造民居园"（1971）的选址紧挨着"白川村荻町"，这处村落中还有仍在使用的合掌造民居。想参观有人居住的民居内部是很难的，但参观者可以先在村落里散步，再前往民居园参观民居内部。这样一来，合掌造民居园就成了白川村荻町的补充，构成两处隔江相望、外观相似但功能完全不同的景观。

　　紧挨着"房总风土记之丘"（1976）的"房总之村"（1986），里面不仅有与传统民居形似的新建筑，甚至用新建筑构建了一个街区。这些新建筑在建造时充分运用了民居调查的成果，形制与历史建筑之相似，真放到古时也毫不违和。这一建造与其说是创作，不如将之视为某种再现建筑（见第四章）比较妥当。

民居园中诞生的这种特别的再现建筑，在 20 世纪 90 年代之后又有了进一步发展。

伊势神宫内宫门前的"御祓町"街极具特色，站在这条街上可以看见许多人字形山墙。与这条"真正"的古街交叉的是以"赤福"点心而闻名的"托福横丁"，但这片约 7000 平方米的区域其实是 1993 年新划定的，划定后再将附近的历史建筑迁建至此，同时还新建了 20 栋有着当地特色外观与结构特征的仿古建筑。

也就是说，得益于再现方法，"托福横丁"不仅看起来与古街无异，甚至身处其中也难以觉察它与"御祓町"街的差异，堪称是一片与古街完美融合的新街区。可以说此二者的关系与白川村荻町和合掌造民居园的关系一样，是历史建筑的存在使得新街区诞生。

作为文化财的近代建筑：明治村

20 世纪 60 年代，与日本经济迎来高速增长相比，历史建筑的待遇可谓惨烈，不仅民居被破坏的情形未能停止，连躲过了战争的近代建筑也没能逃脱改建的命运。

自这一时期起，近代建筑开始成为建筑学的评价对象，近代建

托福横丁

筑的重要文化财认定工作逐步展开。从 1956 年入选的造币厂铸造所及泉布观（大阪府，1871），到 1961 年入选的开智学校（长野县、1876）、旧哥拉巴住宅（长崎县，1863）以及旧哈萨姆住宅（兵库县，1902），重要文化财的认定工作按每年几栋的速度缓慢进行。

提及的这几栋建筑基本都是江户时代末期至明治时代初期建造的，评估时不仅考虑了构思、规划、工艺等建筑学的评价标准，也考虑了建筑的史迹意义。其中最为出众和"年轻"的旧哈萨姆住宅于落成的第 59 年被列为重要文化财。这大约 60 年的时间间隔，一方面为评价历史建筑提供了充足的时间，另一方面又满足了建筑贬值至完全丧失经济价值的时长。因而这一时长成为此后日本认定文

早期入选重要文化财的近代建筑泉布观

化财时的默认时间标准。

虽然基于《文化财保护法》，开始了近代建筑的重要文化财认定工作，但每年入选几栋于近代建筑消失的速度而言可谓杯水车薪。在这一背景下，"博物馆明治村"诞生了。

博物馆明治村由时任名古屋铁道社长的土川元夫（1903~1974）与他的大学同学、建筑师谷口吉郎（1904~1979）共同策划，将日本各地将被拆除的明治时代前后的近代建筑迁建至爱知县犬山市山中，建立户外博物馆，并于1965年开放参观。

明治村可以说是针对近代建筑设立的民居园，迁来的近代建筑几乎都进行了复原，造访这里就可以领略明治时代全日本的建筑文化。但建筑在原本的环境所拥有的特点和对景观的贡献都不可避免地消失了。此外，明治村自设立至落成经历的时间很短暂，大部分建筑还没经过充分调查就被迁建至园内，直到近年来重新修缮时才进行了细致的调查，发现了不少以往未发现的信息。

　　日本各地都有近代建筑迁建的事例，不过近代建筑迁建也有限制。主要是受限于结构类型和建筑规模，木构建筑迁建相对容易，但砖砌建筑以及钢筋混凝土建筑基本无法迁建，近代特有的大型建筑也无法整体迁建。即使是在明治村中，砖砌建筑也仅有 1907 年

明治村的近代建筑西乡从道府邸

建的旧日本圣公会京都圣约翰教会堂等少数建筑。像是世界级建筑家弗兰克·劳埃德·赖特设计的帝国饭店（1923）就因为是钢筋混凝土结构，未能全部迁走，仅有中央玄关迁建至明治村中。

自明治时代开始，日本人在讨论历史建筑的价值时多重视建筑与用地的一体性。但同样是历史建筑保护，民居和近代建筑与社寺和城堡对比，迁建几乎不在后二者的考虑范围内，于前两者而言却是头等问题。尤其是城市里那些烙在民众脑海中的公共近代建筑，保护时最重要的问题就是能否留在原址。不幸的是，在密集开发的城市规划下，即使所有相关人士都肯定了其价值，认为值得保护，也往往无法挽回建筑被摧毁的命运。

明治村开园当年约有 80 万人造访，这一数字到 1968 年时升至150 万。可见认识到近代建筑价值、慕名前来追忆已消失建筑者之多。然而，近代建筑难以得到保护的困境依旧没有扭转，明治村不过是近代建筑难以原址保护问题的一个缩影。

明治 100 周年的视角：三菱一号馆与旧近卫师团司令部

接下来，我们将讨论 20 世纪 60 年代的日本如何评价近代建筑。

对近代建筑的评价发轫于 1968 年，彼时正值明治维新 100 周年。在这一年到来前夕，日本各行各业都开始回望近代。该年也恰逢日本建筑学会成立 80 周年，为此日本建筑学会策划了名为"总结历史，回顾近代日本建筑学 100 年发展与战后建筑行业繁荣"的项目，其成果汇编为 1972 年刊行的《近代日本建筑学发展史》。

这一项目中，由在结构、材料、环境工程等各建筑学相关领域耕耘的一线研究者概括性回顾各自的领域，选出明治维新以来发各时代之先声的技术、规划及构思，并选出代表性建筑作品、建筑师及组织。这一内容本身就足以成为评价近代建筑的出发点，再加上以该项目负责人村松贞次郎（1924~1997）和近江荣（1925~2005）为核心构建起了日本近代建筑史，可以说日本近代建筑的建筑学评价标准在这一时期得以确立。

与该项目同时，东京大学负责教授建筑史学的太田博太郎（1912~2007）在大众期刊及报纸上接连发表了与近代建筑和传统街区保护相关的评论文章。

太田博太郎反复强调的内容主旨大致如下。

首先，他关注到 1968 年正值明治维新 100 周年，提出以此作为契机，重新审视近代日本，对近代建筑进行保护。这说明即使是近代建筑，也是其中更古老的"明治建筑"更受到重视。上文"明治村"这一称谓，就能看出这一看法的普遍性，也说明在这一时期，关东大地震之后修建的大正及昭和初期（20 世纪 20 年代至 30 年代）的建筑尚未进入人们的视野。

其次，他提到了建筑的留存率及珍贵性方面的问题。他强调 1936 年建筑学会编纂的《明治大正建筑摄影聚览》所选出的 250 栋建筑，至 1965 年尚存不足 20 栋，情况极其危险。

再次，他关注到建筑作为历史资料的价值。历史上只持续了50年左右的安土桃山时代，留存的建筑中有380栋被列为重要文化财受到保护；而自明治维新开始近百年的时间里所留下的近代建筑，至1968年被列入重要文化财的不过20栋，两者间差距显著。他一方面表露了对破坏速度之快的担忧，另一方面则阐明希望日本政府能够加快文化财认定工作的态度。

最后，他提议将近代建筑作为日常景观的一部分保存下来，以维护人人共享的生活景观。

太田博太郎的主张简明扼要，具备一定感召力，但在城市开发的压力之下，保护近代建筑的诉求实在是太过无力。建筑学专家评估的价值，并不能实际保护任何建筑。

这一严酷情况在1968年明治维新100周年之际跌至最低谷。这一年，东京市中心最后的大型砖砌建筑三菱一号馆和旧近卫师团司令部厅舍相继被宣判命运终结。

1894年竣工的三菱一号馆由康德设计，是日本最早的西式办公大楼，曾是"一丁[1]伦敦"即东京丸之内办公街区的象征。1910年建成的旧近卫师团司令部厅舍则是由陆军技术官田村镇（1878~1942）设计，因驻扎了护卫皇宫的近卫师团，这座官署的设计远比其他陆军建筑华丽得多。

1　"丁"是街区的意思，"一丁"为大约百米的街区。

1909 年左右的丸之内地区，右侧为三菱一号馆

资料来源：三菱地所株式会社社史编纂室编『丸の内百年のあゆみ—三菱地所社史』（1993 年）

旧近卫师团司令部厅舍

这两处建筑知名度极高，且在人们心中留下了深刻印象，一旦失去就意味着东京市中心再无一处明治建筑。意识到这一冲击性事实后，建议保护的声音即刻自各界涌来。

最终，国有财产旧近卫师团司令部厅舍被认定为重要文化财得以保留，并改变功能，成为东京国立近代美术馆的工艺馆（2020年该机构成为国立工艺馆）。但三菱一号馆由于开发计划已经启动，虽然已进行了详细的记录并保留了部分构件，但还是实施了拆除。如此，站在东京市中心四下望去，尚留有明治意趣的砖砌建筑仅剩一栋。

在经历了这次冲击后，近代建筑的保护工作落入无路可走的困境，而城市的再开发计划还在有条不紊地进行着。不仅是明治建筑，大正及昭和初期留下的建筑也面临着"拆除"二字。

保护与市民运动：东京站站舍与《近代建筑总览》

走出这一困境的转折点是对东京站站舍的保护。

1914年竣工的东京站站舍（东京站丸之内本屋）是一栋由日本近代建筑界之父辰野金吾设计的钢结构砖墙建筑，其外观之华美，无愧为东京的门面。

东京站站舍竣工不久就遇到了关东大地震，所幸并无大碍，但此后却没能躲开二战中的空袭，南北两侧穹顶被烧毁，建筑受损严重。1947年进行了简易的临时性修复，稍加简化外观后继续投入使用。1977年，东京站和丸之内地区的城市再开发计划被提上议程，

复原后的东京站站舍外观

日本国有铁道[1]（国铁）开始筹备改造方案，终于在1987年以国铁分割民营化为契机，宣布要将东京站站舍改造成高楼，拆除似乎已然板上钉钉。然而这一声明却引发了大范围的市民运动。

运动的主力是"热爱红砖东京站市民会"，这一组织以前文化厅长官兼作家三浦朱门（1926~2017）与女演员高峰三枝子（1918~1990）为领袖，在东京站站舍积极组织了展览会、音乐会、体育竞赛等各类活动，吸引大家支持保护行动，向JR和日本国会提交了超过10万人签名的请愿书，最终促使JR于1988年改变方针决定保留东京站站舍。站舍于2003年被列入重要文化财，基于继续沿用车站功能的方针，2012年竣工的修缮工作复原了因战争损毁的穹顶。

市民运动的根本动力来自由红砖组成的东京站塑造的城市日常面貌。对参与者来说，维护已深入大众脑海的东京站样貌是首要共识，此外他们又通过组织各类活动，摸索出了东京站站舍的其他功能与利用方案，使大众体验到了其他空间所不具备的独属于东京站站舍的魅力。

自20世纪80年代以来，这些尝试将历史建筑作为市民共有财产保护下来的运动成为保护近代建筑的必要条件，注重资料性的建筑学专业价值评价反而退居次位，成为市民运动的补充。

1980年刊行的《日本近代建筑总览》是这些市民运动的依据。这本书由《近代日本建筑学发展史》的作者村松贞次郎领衔编纂，

1　即现在日本铁道公司（JR）的前身。

复原后的东京站站舍穹顶内部

不再基于单一判断标准进行价值评价，而是将所有可以确定为战前建造的建筑都罗列进来，并收录了这些建筑的基础信息。

在这本书中，所有近代建筑的价值被认为是相等的。最终，近代建筑保护形成了由市民组织运动协助并提出合适的开发利用方案，促使所有者决定保护的模式。由建筑学等专业学科领域选出部分历史建筑，交由国家精心呵护的传统格局被打破。

进入20世纪80年代中后期，日本经济步入前所未有的繁荣时期，以经济目标为导向的城市再开发计划也迎来了高潮。在那之前的经济高速增长期，近代建筑并不受人关心，但在东京站站舍获得保护后，虽然破坏仍时有发生，不过顾及市民运动的影响，也会考虑保护近代建筑。这种此消彼长，体现了与市民记忆直接相连的近代建筑对城市面貌的贡献，以及它是如何作为现代资产得到充分利用的。

保留外立面：中京邮政局与东京中央邮政局

想要延长建筑寿命，不可避免要进行修缮，但修缮又或多或少会破坏建筑的文化价值。这一矛盾在社寺与城堡的事例中也有所体现，但近代建筑的修缮方针还需重点考虑建筑作为城市景观的功能与再次利用的需求，这令局面更加复杂。

对1878年建成的旧札幌农业学校演武场的保护工作是重视建筑景观作用的早期典范。该建筑在建设之初被规划为兼具讲堂、练兵场所及体育场功能，后于1881年在顶部增设了钟楼。农业学校迁走后，该建筑于 1906 年被迁至原址以南约 100 米的现址，之后便一直作为札幌市钟楼使用，这一形象深受市民喜爱。

1970 年该建筑入选重要文化财。1967 年，该建筑曾进行过一次修缮，修缮时考虑到该建筑作为开拓使时代[1]的代表史迹，建筑技术和外观造型具有强烈的美式风格，最终并未按原貌修复，选择维持现状，保持钟楼的外观及现址不变。这一做法是看重钟楼于市民记忆而言的重要地位。

近代建筑的公共性与日常性是那些与市民记忆直接相关的城市景观得到重视的理论根源，这一理论易于接受，因而成为城市区域近代建筑保护工作的立足点。这也可以说是对景观资源的利用。但这一理论与"仅保留建筑物面向街道的外立面即可"的观点联系紧密，导致"仅保留外立面"的做法泛滥。

20 世纪 80 年代以来，城市中心地段的近代建筑普遍采用保留外立面的手法，这是追求有效利用土地的经济原则与维护城市景观的公共原则相结合的体现。建筑本身则按现代建筑的要求在进行全面改装后继续使用，仅有面向街道的外墙保留了原有外观。

保留外立面最早的例子是京都市的中京邮政局。这座建筑于 1902 年由递信省[2]建造，其红砖白石的外观，即使在近代建筑林立的"三条通"街道上也极为鲜艳夺目。虽然 1974 年决定改建，但当

1　19 世纪末，日本政府逐步开拓北海道的时代。

2　日本政府部门，设立于 1885 年，主辖邮政、电信等事务，海运与铁路行政事务一度归其管理。1949 年拆分为邮政省与电气通讯省。

时日本邮政省内部意见也并不统一，加之市民积极组织运动请求保留，最终邮政省于 1978 年决定保留面向"三条通"和"东洞院通"两条路的两面外墙，内部则改造为全新的建筑。

在中京邮政局的事例中，虽然作为所有者和修缮工作规划主体的邮政省建筑部对保留外立面的做法有顾虑，因为这几乎会完全摧毁历史建筑在多样性方面的价值，但还是接受了保全都市景观的要求，做出了保留外立面这一迫不得已的选择。不过，此时诞生的保留外立面的做法后来逐步普及开来，并被广泛运用于泡沫经济下城市办公大楼的改建方案中。

比如，在 1993 年进行的位于东京大手町的东京银行集会所（1916）改建工程中，仅保留了面向十字路口的两侧薄薄的外立面，背后则变为高楼，这就是东京银行协会大楼。此外，战后由盟军最高司令官总司令部使用的麦克阿瑟办公室所在地——闻名遐迩的东京有乐町第一生命馆（1938）也接受了类似改建。1989 年，为了更有效地利用土地，第一生命馆东侧部分被改建为一栋 21 层高的大楼（DN 塔 21），大楼西侧（即面向"日比谷通"一侧）连接了旧第一生命馆的一部分，大楼背面（即面向"仲通"一侧）则嵌贴了原本毗邻的农林中央金库有乐町大楼（1933）的外立面，全部施工于1995 年完成。

1995 年阪神大地震后，1998 年完工的神户海岸大楼（1918）改建工程、2000 年进行的京都府立图书馆（1909）改建工程等都采用

中京邮政局

　　了同样的方法，在前侧保留外立面，在后侧建造高楼。

　　东京中央邮政局（1933）的改建方案则几经曲折，虽然最后依旧采用了建造高层建筑并在外侧嵌贴旧邮政局外立面的做法，不过围绕着拆迁问题的讨论最终上升到了政治层面。在一片争吵声中，时任日本总务大臣的鸠山邦夫形容拆毁历史建筑和保留外立面的行为是"炙烤朱鹭[1]"并"剥制标本"，且不论该发言用意如何，但措辞确实是一语中的。

1　日本的国鸟。

东京银行协会大楼

虽然保留外立面在一定意义上维护了市民对街道景观的记忆，但这也只是仅次于完全拆除的下策。这一做法不仅抹去了建筑物内部的空间，而且如背景板般耸立于外立面背后的高楼大厦与外立面之间也有着不可忽视的割裂感。最为重要的是，保留外立面无疑成了拆除建筑的万金油借口。

容积转移与再现：明治生命馆与三菱一号馆美术馆

日本社会普遍认同近代建筑作为历史建筑是城市景观的重要组成部分，所以在保留外立面的弊端显现后，大家开始推动保护制度的改变，如获得文化财等资格认定的建筑可以灵活运用《建筑基准法》或在其中拥有豁免条款，这对于保护工作有巨大意义。此外，城市规划也为保护开了绿灯。

日本现行的城市规划和建筑确认制度是以土地面积为基准决定建筑面积。后者与前者之比即为容积率，不同地区的容积率要求在50%~1300%不等。这一制度下，如果在容积率1000%的土地上存在的是容积率300%的历史建筑，就相当于有700%的容积率未被使用，从经济角度考虑显然是巨大的损失。这一利益损失也是拆除历史建筑的直接动机。

2000年，日本通过《建筑基准法》与《城市规划法》的修正案，引入了特例容积率适用地区制度，允许转让未使用部分的容积率。该制度既保护了历史建筑，也将历史建筑未使用的容积率转让至邻近地块，抵消了经济损失。

由冈田信一郎设计，1934 年（昭和 9 年）竣工的明治生命馆（明治生命保险相互会社本社本馆）是一座被称为"丸之内女王"的美式办公大楼杰作，1997 年作为第一批昭和建筑被列入重要文化财。2001 年改建时，按特例容积率制度将容积率转让给了毗邻的明治安田生命大楼。包括内部空间在内，明治生命馆整体建筑都得到了保留，平时正常对外开放。

明治生命馆的外立面与内部都得到了保留，身后也没有突兀的高楼大厦。但这一保护却是以毗邻地块建起高耸的大楼为代价的。虽然历史建筑按人们希望的获得了保护，但却无法维持往日的街道面貌，反而成了打造城市新面貌的诱因。如何评价保护所引发的这一现象值得我们日后关注。

城市中心地区的历史建筑作为景观获得高度评价，这也创造了一个新的方向。如前文所述，东京丸之内的三菱一号馆于 1968 年被拆毁，但在约 40 年后的 2010 年，该建筑以拆毁期间绘制的详细结构图为基础得到重建，并作为美术馆开放。

三菱一号馆美术馆及其背后的丸之内公园大楼能够重建和建造，是因为东京站站舍将自己的容积率让了出来。三菱一号馆再现的精度极高，几乎只能从材质的新旧状态看出其与原物的差异。从这一角度来说，与前文所述的再现天守有着异曲同工之妙。

但由于拆除时的状况不同，再加上 40 多年的空白，景观的记忆

明治生命馆与明治安田生命大楼

三菱一号馆美术馆（2010）

早已中断。人们开始怀疑，如果可以随时重现，那么拆除是否也没关系？这一疑虑也是今后我们所要思考的课题。

利用与结构加固：旧近卫师团司令部厅舍

从有效利用有限土地的所有者角度，和供众多市民使用的公共性角度两者出发，在保护近代建筑时，不仅要谋求建筑对城市景观的贡献，也要将其作为现代资产加以利用。

尤其是在地价高企的城市中心地带，利用是保护历史建筑的必要条件。决定去留的并非历史建筑所具有的魅力或价值，而是如何承担经济负担，以及为此如何使用历史建筑。只要采取了能够吸引游客，并且符合经济原理的使用方式，历史建筑就会被保留，反之则会被拆除。这一原则不可违背，即使是公有建筑也不例外。

如何利用历史建筑很大程度上取决于利用规划与资金计划，以及具体改造何处、如何改造等设计问题。充分利用历史建筑往往是在期待从广义上"吸引客流"，这是重新发现其独有的空间魅力的契机。但我们也从很多案例中发现，将利用规划放在第一位可能会导致历史建筑独创的形态或用料消失无踪。

需要重申的是历史建筑的修缮与新建筑的设计一样，没有标准答案。为利用而进行的修缮方式多样，除外观以外全部新建的"仅保留外立面"也好，仅仅改变功能、维持内外整体不变也好，有无数种方案，也并不存在可以衡量这些方案对错的理念标准。

此外，如果历史建筑将供不特定多数人群使用，为了确保安全，就必须进行结构加固以及安装防火灭火设备。每有灾害，建筑所要求的安全标准就会提高，法规也更严格，因而几乎所有的历史建筑都不符合现行的安全标准，即处于"既存不合格"状态。"既存不合格"的建筑可以维持现状不动，一旦要进行大修或外观改造，就需要符合最新安全标准。这一规定与维护历史建筑价值的需求可谓对立。

在利用近代建筑的早期修缮事例中，旧近卫师团司令部厅舍被改造为美术馆，当时出于抗震考虑，在原有砖砌结构空间的内部嵌入了钢筋混凝土结构。这使得砖砌结构在建筑内部创造的历史感被一扫而空，建筑内饰的价值也完全消失。

进入 20 世纪 90 年代，得益于结构设计的进步，提高抗震性能的同时，还能在一定程度上保留原本的建筑空间。1990 年，在修缮同志社礼拜堂（1886）的过程中，保留原有房梁的同时，在砖砌结构的墙壁内部插入钢筋加固，提高抗震性能。而且考虑到未来技术升级的可能性，这一加固结构随时可以撤除，恢复原有状态。不过在窗户和出入口等处，还是能看到有厚度的加固壁与原墙体之间格格不入。

如上所述，加固结构必然会使建筑有所变化。增加现有墙体的厚度、增加支柱、在原本没有墙体的开放处增设交叉支撑结构或新墙体，尽管这些是最常见的结构加固方式，但如何处理这些施工所带来的改造还有待讨论。

旧名古屋控诉院[1]地方裁判所区裁判所厅舍（1922）的修缮工作于 1989 年开始，计划将厅舍改造为市政资料馆。改造对建筑进行了结构加固，但为了使加固部分不突兀，在外墙增加的墙体上使用了与原墙体同样的颜色。与之相反，1995 年开始的山形县旧县厅舍及县会议事堂（1916）的修缮工作，为了适应开音乐会等新用途的需要，在外部墙体两侧增加了六根巨大的 L 形不锈钢支撑柱，该支撑柱特地保持了不锈钢原有的外观，以强调是后世新增的加固材料。

几乎同时进行两项工程，虽然同样为了加固结构而更改了原貌，但对于新增异构的态度却截然相反。前者尽可能使异构与原物相协调，后者则竭力突出新旧物的区别。这正如色彩做旧（第三章提及）一样，并无唯一的答案。

坐落在城市里的近代建筑如果不能作为现代资产得到利用，往往难以保留。如果希望建筑能承受较大人流量，为了确保安全必然要进行结构加固，但具体的结构加固方案通常会与历史建筑本身的价值评价与利用方式相抵触。

1　日本最高法院旧称大审院，1890 年日本颁布《裁判所构成法》（明治 23 年法律第 6 号），规定在大审院之下设立控诉院、地方裁判所及各区裁判所。

旧名古屋控诉院裁判所的加固材料。侧面的梯形部分为加固材料，外贴与原建筑一致的红砖

山形县旧县会议事堂的加固材料

从 L 形加固材料的外表就能直接看出其不锈钢材质，以表明是增设材料

堆积成山的课题

今天的日本尚存大量民居与近代建筑，如何看待这些建筑，至今还没有准确的答案。问题的关键在于建筑文化价值的高低难以影响建筑的去留。

民居和近代建筑的保护必须考虑它们在城市中的区域定位，能继续利用是得到保护的必要条件。在没有合适利用方案的情况下，无论理论上多么有价值也无法得到保留。但用作现代用途不可避免要进行改造和结构加固，甚至可能会为了提高舒适性而考虑更新设施，这些都或多或少会破坏建筑的文化价值。

那些在保护社寺与城堡的过程中产生的研究成果，认为应慎重考虑变更文化财现状，显然与这一特征难以相容。在与民居和近代建筑相关的活动中，有人打出"与以往的文化财保护相异"的旗号，进行以"翻修""再生""再利用"等为名目的修复工作。这毫无疑问是为了合理绕开那些为了保护建筑文化价值而设置的复杂程序。

这种做法固然可能走出一条保护的新路，但往往并不注意施工对建筑价值的破坏。利用当然不可避免会造成价值损失，但至少要意识到这一行为的危险性。

第六章

由点及面：

古都、街区与城市

从古都到街区

如第五章所述，能否保留近代建筑取决于其是否对景观有所贡献，以及能否发挥现代作用。其中极具意义的一点是，日常生活中人人都能享受的景观会被市民视为公共财产。"景观"成了历史建筑保护的重要依据。

而且，一旦重视景观，那就不再是只关注城市中的"点"——某一栋历史建筑，而是聚焦至"面"——多栋历史建筑组成的街区。

日本各地现存的传统街区既是所有者的生活空间，也是各地的观光资源。但这些传统街区并非自然留存下来，而是在努力挣扎后才得以幸存的。

这一努力的契机是"古都"这一概念。20世纪60年代横空出世的"古都"概念成为之后景观与街区保护的先声，此间的相关讨论和运用的保护方法都对后世有极大意义。

古都广义上是指所有曾经作为首都的城市，但最能代表日本古都的自然是奈良与京都。奈良作为日本的首都一事已经是遥远的过去，时间也很短暂，可以说奈良作为古都的历史一度被忘却，后来才被重新发掘。与之相反，京都在明治维新前的千余年里都是日本唯一的首都，这一记忆至今鲜明地印在日本人的脑海中。

对比鲜明的奈良与京都，再加上镰仓，构成了日本的古都概念。20世纪60年代日本掀起了关于古都的讨论，这次讨论引发的街区保护运动席卷全日本。本章就将回溯这一过程。

发现古都奈良

平城京仅在8世纪短暂地成为日本的正式首都80年左右，至江户时代时已基本被人忘却。但江户时代末期，日本国学兴盛，人们研究皇室与区域历史的兴趣渐渐高涨，于是平城京在此期间被再次"发现"。

国学师从本居内远（本居宣长之孙）的北浦定政（1817~1871）在研究了平城京街区构成后，于1852年（嘉永五年）出版了《平城宫大内里遗迹宅地图》，他在该书中推测了平城京及其宫殿部分（平城宫）的范围。进入明治时代后，1907年奈良县技术官关野贞正确计算出了平城京的道路网分布和平城宫的范围。

伴随着平城京遗址的发现，人们不再坚持中世以来将奈良城市区域和诸多寺院所在的部分当作旧平城京的观点，转而开始关心消失的宫殿，即平城宫遗址。

江户时代末期尊皇思想盛行，这一思想十分关注天皇曾经居住之处的"宫址"，北浦定政之所以研究平城宫，正是出于这一动机。

到了明治初期，调查宫址更是被列为府县编纂地方志工作的一部分。这一思想的顶峰是 1919 年制定的《史迹名胜天然纪念物保护法》，宫址在该法中获得了史迹的地位。

此时，不仅上层，民间也兴起了平城宫保护运动。奈良以当地人棚田嘉十郎（1860~1922）为中心，于 1914 年成立了"奈良大极殿保存会"，在政界和商界支持下，大量收购平城宫遗址上的民用地。在这一背景下，1922 年平城宫遗址被指定为史迹，自国家层面获得保护。

在此之后，与平城宫相关的活动一度停滞，直至战后的混乱局面平息。1952 年平城宫遗址被升格为重要特别史迹，同年在平城宫遗址旁边设立了文化财研究基地"奈良文化财研究所"。就这样，平城宫遗址逐步成为古都奈良的象征。

至该时期平城宫遗址区域内依旧有大量私人土地，在一派田园风光之间散落着星星点点的村落。然而，随着城市建设的推进，自20 世纪 50 年代中后期开始，居民区逐步取代了农田和村庄。

1962 年，近畿日本铁道[1]（近铁）宣布将在遗址上建设车辆检修设施，各学术团体对此纷纷发表反对意见。最终，当时的首相池田勇人下令由政府收购平城宫遗址范围内的全部土地。平城宫遗址国有化后，日本政府制定了学术发掘与建设面向大众的史迹公园并举

1　日本私有铁路公司之一，路网分布在大阪府、奈良县、京都府、三重县、岐阜县、爱知县 2 府 4 县，是奈良地区除 JR 外最重要的公共轨道交通运营者。

的方针。

除此之外，奈良的其他景观例如若草山也引发过争论，这些争论甚至直接引发了下文将提及的"古都法"制定工作，但在将整座城市作为景观和街区保护的话题上，奈良显然没有京都和镰仓那么令人瞩目。

奈良关于古都的议论都集中在平城宫遗址上，选择的保护利用方向与城堡类似，都是开发为公园并由公众共同保护。

最初公布的整修方案是在"第二次大极殿"[1]的台基和"内里"中柱的位置种上树木以提示位置。

平城宫遗址中整修后的第二次内里遗址，再现了台基，并通过植树标明了柱的位置

1　奈良时代平城宫曾经有过迁移，迁移后位置中的大极殿被称为"第二次大极殿"。

　　发掘成果提供的结论极具学术准确性，但这一"准确性"却让它们变得难以理解且平淡无奇。昭和时代的平城宫遗址并不像那些位于城下町的天守一样具有强烈的象征性，难以在视觉上展现古都奈良的特质。

　　就在同一时期，奈良也出现了通过再现手法展现历史性的建筑。位于旧平城京西南方向的药师寺，运用再现手法重现了奈良时代的药师寺伽蓝。药师寺的奈良时代建筑仅余 730 年（天平二年）建造的东塔，其他早已丧失殆尽。但在建筑史学者太田博太郎与大冈实的协助下，药师寺于 1976 年再现了金堂，1981 年仿照东塔再现了西塔，1984 年再现了中门。奈良时代的药师寺就这样一步步重回世人眼前。

药师寺的再现建筑讲堂与金堂

平城宫遗址上的再现

虽然平城宫遗址的发掘考察工作在土地国有化之后有序进行着，但放眼望去，平城宫遗址还是像一大片荒地，如何充分利用这里成了整修的新目标。因此，1978 年提出的方向"建设能够了解古代都城文化的场所"受到重视，整修转向建设可以被切实看到的再现建筑。不仅平城宫遗址的整修方向发生了改变，日本各地的史迹公园都改变了方向。

平城宫遗址第一处再现的是"东院"和"朱雀门"，于 1998 年竣工。东院曾是太子的居所，重建时一并重现了庭园部分；朱雀门则是平城宫的正门，顶部的重檐和两侧的围墙都得到了完美的

再现的朱雀门

再现。

这两处建筑的再现与首里城正殿一样，也使用了以理论推测为基础的建造之初所用的木构建造技术。

但是与直到战前都还存在，且拥有丰富的照片和图纸等史料信息的首里城正殿不同，平城宫已经消失了太久，复原准确性和细节的还原度必然极低。

发掘工作所能确定的仅有地基和柱础等台基附近的信息，至于建筑规模、出檐深度及形制等信息只能参考现存的其他奈良时代建筑，推测出可能的模样。尽管有学术依据支撑，但是不确定性依旧太大，而且出于结构安全方面的考虑，也不得不将推测出的奈良时代技术用现代工艺进行改造。这也招致了部分建筑史学者和文化财相关人士的猛烈批判。

但这些批评声并未阻止再现工作，随着时间进入 21 世纪，平城宫的再现进程也不断推进。

2008 年制定的基本计划对再现手法的运用更为大胆。以此为方向，2010 年平城宫的核心建筑"第一次大极殿"得到再现，虽然四周的回廊以及南门和东西楼等建筑的再现工程还在施工中，但已经可以预想，待完成之际，奈良时代的宫殿景象将完整地呈现在我们面前。

再现中的平城宫遗址是 2010 年举行迁都 1300 周年庆祝活动所用的舞台。平时也能在近铁的铁路线附近看见作为古都奈良象征的大极殿与朱雀门。虽然大规模再现建筑和铺陈道路招致了不小的批

再现的第一次大极殿

评，但其整体的历史价值仍然值得认可。

综上所述，古都奈良形象的核心组成部分是庞大的平城宫遗址，这一形象本质是在史迹框架下展现其历史性，与城下町的复兴天守所运用的再现手法一致。

近代都市京都的风致

京都则与奈良不同。自8世纪至明治维新前的漫长时间里，京都一直是日本的首都。尽管江户时代实际的行政中心是幕府的所在地江户，这使得京都的地位有所下降，但其政治地位在江户时代后期又有所回升。

第一章提到，18世纪末期营造的京都御所再现了平安时代的皇宫，这也反映出京都当时的政治地位。可以认为自此时开始，古都开始展现它基于历史的魅力。

虽然明治政府定都东京，京都完全失去了首都职能，但这也恰好加速了京都的形象向古都转化。支持古社寺保护的"保胜会"（成立于1881年）与主张振兴传统艺术的"京都美术协会"（成立于1890年）的活跃，加上1894年前后，为庆祝平安迁都1100周年所进行的一系列活动，进一步巩固了京都的古都形象。尤其是庆祝平安迁都时仿照平安时代的宫殿建造了平安神宫，与召开第四次日本国内劝业博览会以及再现东本愿寺，共同构成了京都作为旅游城市的基础。真正吸引游客的正是日本作为民族国家，国民所共同拥有的古都记忆。

有了自幕末至明治初期的这些活动作为背景，1900年第一任京都市长内贵甚三郎（1898~1904年在任）以传承古都形象作为京都市的政策方针，宣布"必须保护京都的风致""京都绝不能放弃保护名胜古迹"。此话也并非虚言，京都在《古社寺保存法》和《史迹名胜天然纪念物保护法》的制定过程中居功甚伟，也因此在保护名录中，有大量的保护建筑位于京都。

但是特别保护建筑和名胜古迹只是在偌大的京都市区里星星点点分布，更广泛的保护彼时尚未开始。直到大正时期，区域化保护才开始进行，举措包括名胜古迹的公园化等。由此，城市规划开始

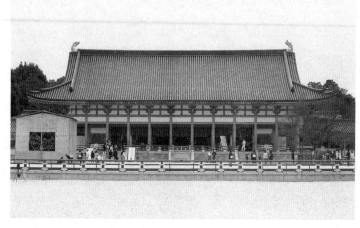

平安神宫

在城市历史景观保护工作中发挥作用。

《城市规划法》自 1919 年起开始生效，通过制定制度，限制部分个人权利，以防止无秩序开发损坏城市整体生活环境和功能。该法律中规定的"风致地区"概念是京都进行区域化保护的第一步。

京都的风致地区一开始主要为自然与人文风景名胜区域，总面积约 3500 公顷。此后为了保护作为中心城区背景的山林之景，又逐步将京都市区东、西、北三个方向的山区整体纳入，如今已经有 14300 公顷。京都的区域化保护工作自周边的自然景观开始，这一点也恰好反映出日本文化中向山林借景的意识。

《古都保存法》：京都与镰仓

战时，京都并未受到战争太多波及。二战及战后的混乱期中，由于建造工程停滞，历史建筑与街区也并未遭受过多破坏。但是自20世纪50年代中后期起，京都市区的改建此起彼伏，曾免遭战争之苦的民居却从此时逐渐减少。虽然改建是一栋栋小规模进行，不像建造高楼那样明显，但对于景观和环境的改变并未减少。

1964年建造的"京都塔"正是这些改造的一部分。矗立在京都站前的京都塔并非受《建筑基准法》严格限制的"建筑"，而是"建筑配件"。京都塔与下方的京都塔大楼加在一起，整体高达130米，足以使京都市区任何地方都能看见这座塔。

相关学术组织等许多团体都反对建造京都塔，认为会影响城市面貌和风致。但是这一反对声音未能扩大，即使是以古都为傲的京都市民对此也兴致寥寥，一场争议最终草草收尾。真正使事态朝不可预料的方向发展的是同时期镰仓发生的"御谷骚动"。

镰仓在镰仓、室町时代是东日本的中心城市，但江户时代后未能保持这一地位，明治以后更是变成了东京和横滨高级阶层的住宅区。

在"高级住宅区"这一城市印象下，镰仓在20世纪50年代后加快了住宅区开发建设。1964年也就是与京都塔落成同年，镰仓规划在其城市象征鹤冈八幡宫的背后建造一个名为"御谷"的住宅区。

作家大佛次郎评论这一开发是"昭和时代的镰仓围攻"，组织镰仓市民发起市民运动。

这一运动最终自日本全国募集了资金，买下了争议土地，成功阻止了御谷的开发。通过市民运动，此后又组建了"镰仓风致保存会"，该协会如今仍在管理着御谷以外五处买下的土地。

镰仓的这一运动也影响了京都和奈良。京都市西北部的双冈有古坟群和平安时代贵族的山庄遗迹，该山丘于1941年被认定为史迹，但是周边地区的住宅开发却没有停止。1964年后决定在附近建造宾馆和大学的消息一出，舆论哗然，反对声极高。同时，奈良若草山和东大寺周边地区的开发计划也引发了反对运动。

之所以这些开发计划会引发如此声势浩大的市民运动，是因为时人都注意到了日本社会在经济高速发展时期暴露的弊端。在镰仓和京都的事件逐渐发酵为舆论聚焦的政治问题后，田川诚一（神奈川代表议员）、田中伊三次（京都代表议员）和奥野诚亮（奈良代表议员）三人共同提交提案，以议员立法的方式于1966年制定了《古都历史风土保护相关特别措施法》。

该法律将古都定义为"日本往日的政治、文化中心，包括具有重要历史地位的京都市、奈良市和镰仓市以及政令指定的其他市町村。"具体实施时，除了这三座城市以外，还包括了神奈川县逗子市，大津市，奈良县斑鸠町、天理市、橿原市、樱井市和明日香村。

这些地方同样存在着住宅开发问题。加上了这些地区之后，才算组成了"古都法"的立法对象。可以说古都这一概念只是凑巧，恰好住宅开发问题矛盾突出的京都、奈良和镰仓都是古都罢了。

该法律的保护对象是历史风土。虽然历史风土这一概念既可以指历史建筑和遗迹，也可以指以自然环境为核心的区域，但无论如何都是以"土地的状况"为保护对象。立法的目的是为了防止大规模住宅开发导致土地状况发生巨变。

"古都法"以城市规划的方式，具体规定了"历史风土保护区域"和"历史风土特别保护地区"两类。

历史风土保护区域是由国家、地方政府、审议会联合划定的区域，该区域内建造任何建筑、开发任何住宅用地都需要申报。虽然申报制度不能阻止开发，但可以提前获得开发信息，并与开发者达成协议，仍有一定的效用。在历史风土保护区域内又设定历史风土特别保护地区，这里建造建筑与开发住宅用地则需要获得许可。许可制能够充分限制开发，甚至可以左右土地出售。

京都市有历史风土保护区域 14 处，共 8513 公顷；历史风土特别保护地区 24 处，共 2861 公顷。[1]这些土地位于已被划为风致地区的地方和市区之间，自东、西、北三个方向将京都市区包围起来，

1　以上均为 2016 年数据。——原注

京都塔

这显然是为了遏制市郊土地的开发。如此，京都终于摆脱了古都形象被大规模住宅用地开发破坏殆尽的风险。

保全京都的景观

"古都法"遏制了京都、镰仓和奈良无序的住宅开发，采用城市规划手段来保存城市景观及地区区域性历史状态的方法也被证实是有效的。不过，风致地区的设立和"古都法"只是限制了市郊地带的开发，对于真正的古都也就是市区所面临的问题，却没有完全解决。尚存多间民宅的京都市区面临的问题尤为严峻。

20世纪50年代至60年代，通过民居紧急调查，开启了民居的价值评价进程。虽然该工作主要调查农舍，但对位于城区的民宅以及由同类风格民宅组成的街区也十分关注。随着城市面貌受到重视，调查工作也开始关注如何在不损失现代住宅功能的情况下保护街区。

如何兼顾历史保护和现代发展，是全世界古城共同面对的挑战。这不是处理个别建筑物和街区就能解决的问题，而是必须要在考虑过整个城市的未来后，制定能够明确划分保护和开发范围的城市总体规划，并得到市民们的认可。

在"古都法"立法前的1963年，京都市就颁布了《京都市总体规划》草案，但这一草案最终并未通过。1969年，在"古都法"实施之后公布的《城市规划构想》也未进一步提及具体措施。

　　最终打破这一僵局的是外界的压力。1970 年，联合国教科文组织主办的"保护京都、奈良传统文化国际研讨会"在京都举办，会上介绍了日本的现状与意大利等国家的古城保护案例。各新闻媒体广泛报道了会议内容，报道最终形成了劝告京都市保护市区的合力。同年，以日本各地的市民组织为核心的"全国历史风土保存联盟"成立，进一步吸引了人们对于古城城区开发与保护的关注。

　　在舆论压力下，1972 年京都市制定了《市区景观维护条例》。该条例以城市规划的方式，在京都中心城区设置了三类不同特点的区域。

　　第一类是"大型工业建筑限制区"，在该区域内，不允许随意建造铁塔、立交桥和高架桥，该区域基本覆盖目前整个城区。这不仅是对京都塔争议的回复，也是为了避免出现其他大规模开发。今日漫步在京都市区街头，看不见高架铁路和高架机动车道，该限制居功甚伟。

　　第二类是基于都市美而设置的"美观地区"。该区域内街道两侧的建筑高度被限制在 12m 至 20m 之间，目的是引导城市景观风貌健康向上发展。美观地区包括了鸭川沿岸及西阵，御所、二条城、本愿寺和东寺的周边地区，还有洛央、伏见等地街道两侧区域。如今该区域按景观特征划分为五类（最初为两类）地区，总计约 2000 公顷。

　　在设置美观地区时，考虑到城市景观风貌有多种，因此除旧式民宅分布比较密集的地区（第一种、第四种）外，还选择了御所和

京都市美观地区，东西本愿寺周边

二条城等核心建筑附近的区域（第二种）、与风致地区和"古都法"保存下来的作为城市背景的山林相协调的区域（第三种）以及由高层建筑构成的近代中心市区（第五种）。

但是设置美观地区并非为了保护历史建筑，而是为了影响和控制城市未来的景观风貌，例如对新建筑的高度进行限制等。

最后一类是"特别保护修景地区"，该概念最初在产宁坂地区（5.3公顷）和祇园新桥地区（1.4公顷）实施。这两地按指定文化财的待遇，在获得所有者允许后，特别划定了受保护的历史建筑，在限制其改变现状的同时拨款修缮。对于区域内的其他建筑，则通过相应的"助成制度"要求其"修景"，也就是放宽对新建和改建的

京都市特别保护修景地区产宁坂

限制，但新建筑的外观要与城区面貌一致。

如上所述，特别保护修景地区关注的是作为历史建筑的民宅，重视其整体意义，并将不符合要求的新建筑纳入限制范围。进行了"修景"的建筑，可以创造出一个新的较好展示该地区景观风貌的街区。

修景的理念是认为新旧建筑混杂的状态是有欠缺的，应该纠正。然而，修景所选取的过去是现代所选择的理想化过去，而不是实际存在的真实过去。由此可见，修景的特征与第四章提及的再现极为相似，修景正是基于街区规则所进行的再现。

如上所述，在追求古都形象的京都，《市区景观维护条例》从景观的角度出发，保护了主体城区的历史状态。该条例的适用范围几乎覆盖了整个城区，在相关限制与引导上更是细致入微，这一做法对日本各地都产生了深远影响。

都市美：仓敷

　　20世纪60年代，随着经济高速增长，传统社会结构遭到破坏，古都爆发的问题也同样出现在日本各地。城市地区因为开发导致历史建筑被破坏，农村地区则因为人口流失而面临聚落消失的危机。

　　随着"古都法"的出台，日本各地也零星出现了相似的运动。不过由于街区特征、居民组织倾向、危机内容、行政能力、未来方向等问题因地而异，所以各地的保护理念和采取的方法也千差万别。在此，本书先介绍以"都市美"为城市宣传方向的仓敷。

仓敷市美观地区，仓敷川畔

冈山县仓敷市在江户时代曾作为幕府直辖城市而繁荣一时。在作为物资集散地的仓敷川畔，包括众多富商巨贾的宅邸在内，有着许多民宅。其中，位于仓敷川畔尽头的大原家靠开发附近的新田和经营盐田致富，明治中期起担任家主的大原孝四郎通过经营仓敷纺织公司和仓敷银行获得巨大成功，成为仓敷金融界的代表人物。到了其子大原孙三郎时期，不仅扩大了原有生意规模，还设立了大原美术馆（1930 年开馆），大原家俨然已成为当地的名门望族。

大原家经营的近代产业中，1889 年在江户时代地方官署所在地上建造的纺织工厂，外观与传统建筑完全不同，它和大原美术馆一样模仿了欧洲的神庙建筑。在这一时期，大原家的活动主要是效仿西方推进现代化，并未考虑仓敷的传统和历史。

战后，面对产业结构规模扩大的需求，仓敷纺织公司将生产地点转移至别处，仓敷市区这家工厂的重要性有所下降。面对这一变化，德国中世纪城市罗滕堡在遭受空袭后再现历史面貌的做法启发了大原家当时的家主大原总一郎（1909~1968），他开始提倡保护仓敷的街区。

1949 年，"都市美"运动的基地——仓敷都市美协会成立。在聘请了民艺运动家外村吉之介后，仓敷民艺馆开馆，馆内展示了日本及世界各国的民艺品。民艺馆本身并非新建筑，而是将江户时代的米仓按新用途要求改造为展览馆，此外还有一处江户的砂糖铺被改造为仓敷旅馆（1957 年改造）。这两处建筑的"诞生"宣告了仓敷

仓敷民艺馆

街区保护工作正式开始。

随着造访仓敷的游客数量增加，逐步沦为夕阳产业的仓敷纺织公司也将其总工厂关闭，并将多栋红砖厂房改造为住宿设施，由工厂改造的"仓敷常春藤广场"于 1973 年营业。本地设计师浦边镇太郎担任本次改造的设计者，除此之外，他还负责了许多照顾到仓敷历史风貌的高质量建筑设计，对街区保护贡献巨大。

不过，值得反思的是，在"都市美"运动开始之初的 20 世纪 40 年代末期，洋馆等近代建筑被认为是与仓敷的街区所不相容的"杂质"，惨遭破坏。到了 20 世纪 70 年代时，仓敷纺织公司的红砖建筑群又作为能够寄托乡愁的历史存在得到了保护。这也是一个对保护对象的评价在短期内发生巨大变化的事例。

如上所述，仓敷的街区保护始于大原家的主导，到了 1965 年左

仓敷常春藤广场（1993 年摄）

照片来源：作者自摄

右，随着社会舆论对古都的关注，仓敷的街区保护也步入了新的阶段。1967 年，仓敷市总结整理了一份《城市未来面貌座谈会报告》，报告中第一次提及仓敷川周边地区的整体保护。1968 年制定了《仓敷传统美观保存条例》，保护街区成为公共政策，次年依照条例划定了"美观地区"和"特别美观地区"。

虽然仓敷的美观地区与京都市限制并引导新建建筑的美观地区名称相同，但是内核却差异巨大。

仓敷的美观地区是以保护区域内的历史建筑为主要出发点的，更像是京都市的特别保护修景地区。由此也能看出，当时的日本对于都市美或者说美观的定义还未达成共识。

最初仓敷市美观地区的维护是由所有者与行政机构单独签署

协议完成的，仅靠着没有法律依据和强制力的行政指导进行，行政机构会为知名民宅的修缮工作提供资助。然而，正是通过这些协议，民宅得到修缮，知名度与游客数量都获得了爆发式增长。仓敷在日本国内的知名度，实际上正是这些协议签署之后获得的。

综上所述，仓敷的街区保护有着大原总一郎这位名人强烈的个人色彩，他对欧洲文保趋势的观察极为准确和超前。他并不将保护与开发视为对立关系，主张通过保护进行城市再开发，可以说是这类思想的先驱。

仓敷的另一个特征，是将那些丧失了使用功能的近代工厂积极转换、开发为旅游观光设施。仓敷的街区保护是从对都市美的价值评价开始的，但同时也向世人展示了旅游资源这一全新的价值。

环境与庆典：高山

京都与仓敷的街区保护出发点都是景观或者说美观这种出自视觉要素的价值。但是也存在着从其他角度出发保护街区的案例。

高山市是岐阜县北部飞驒地区的中心城市，坐落在一处山间盆地内，城区分布在南北走向的宫川两岸。虽然高山最初是城下町，但江户时代中期之后一直是幕府直辖城市，1879 年的人口约为 14000 人，是岐阜县最大的城市。然而该地迟至 1934 年才开通铁路，发展迟滞，以至于留存了浓厚的江户时代风貌，被称为"飞驒的内厅"。

　　开发迟缓的高山，其魅力被重新认知是由于外界评价的变化。木下惠介导演的《远云》于1955年上映，高山作为片中悲恋的发生地，因秀美的风景立即收获了"最美小城"的评价，由此声名远扬。

　　对高山评价极高的人还有一位名叫花森安治的编辑，他在杂志《生活记事本》中频繁提及高山，并大篇幅地宣传，或许是因为那里存在与民艺运动相关的本地传统工艺。

　　尽管外界的评价使得高山声名远扬，但当地开始保护街区的直接原因却是本地居民对生活环境恶化的抗议。

　　20世纪60年代，当地居民将生活废水和垃圾都随意排放至穿城而过的宫川，这极大地污染了宫川的水质。因此，1964年高山市的儿童协会组织开展了捡拾垃圾之类的环境净化活动，并在不久后设置了鲤鱼放养区和禁渔区，妇女协会也自行约束主妇减少使用合成洗涤剂。宫川逐步恢复了从前的清澈，宫川畔的特色"早市"也恢复了。1965年，为了配合国民体育大会在岐阜举办，高山市实施了全城清扫活动，重新成为名副其实的最美小城。

　　除了采取这些净化环境的措施外，高山市的市民们也进行了大量讨论，最终于1966年将"保护环境、文化和传统"明确写入"市民宪章"，环境保护运动发展为街区保护运动。该运动的核心领导者，

流经高山市的宫川

是高山庆典中的"惠比须台组"。惠比须台是庆典游行的花车之一，堪称庆典主角，负责该花车的组织"惠比须台组"是小城内一个传统而牢固的组织，其成员来自民宅密集的上三之町。该组织的核心诉求是阻止街道两侧的民宅改建。

1968年，惠比须台组与高山市中部电力公司一起迁走了街道两侧的电线杆，该项目甚至还以赔偿损失的名义为民宅提供了维修补贴，逐渐将原本破败、满是杂物的街道恢复为昔日的面貌。迁移电线杆工作引来了出人意料的巨大关注，外界对高山的关注也更上一层楼。

这一时期恰逢日本经济步入高速增长时期，富裕的人们开始以

高山市三町的街道

家庭或个人为单位游历日本各地，陷入经营困境的国铁趁机于 1970
年推出了名为"发现日本"的宣传活动，以日本各地的名胜古迹，
尤其是历史建筑与传统街区作为旅游目的地，大力宣传国内旅行。

该活动以"美丽日本与我"为副标题，在国铁的各个车站都张
贴了传统街区的海报，加上旅游类电视节目的宣传和面向女性读者
的杂志设专栏造势，最终获得了巨大的成功。

在这些名胜古迹中，高山的街区广为人知。在 1971 年的"发现
日本"热门城市投票中，高山仅次于知床，居第二位。经此一事，
高山的游客数量在 1976 年突破了 200 万人次大关。

总之，高山市的街区保护建立在以维护环境和传统文化（庆典）

为目的的普通居民运动上，但是得到了和仓敷一样的结果，被保留下来的街区成了旅游资源。

旅游的对策：妻笼

仓敷和高山都是相对富足的地方城市，拥有地方产业，足以独自实施保护城市面貌和环境等举措。但那些面临着人口流失的城市，则不得不用保护街区的方式阻止城镇的消亡。

位于长野县木曾地区的南木曾町妻笼宿[1]曾是江户时代中山道的一处驿站。进入明治时代，驿站功能衰退，但因当地产业逐步转化为林业与水力发电，尚维持了一定的活力。然而自20世纪50年代末开始，妻笼不再是该地区的集散中心，森林管理处被废除，发电设施也逐步升级为自动化设备，妻笼人口大量流失。

同一时期，位于妻笼宿南侧的岐阜县中津市（原为中山道马笼宿）靠大量的游客日渐兴盛。马笼是岛崎藤村的出生地，亦是其代表作《黎明之前》中故事的发生地。为此，马笼于1947年建设了藤村纪念馆，加之马笼是最能体现书中"木曾道全都在山里"这一名言的旧驿站，使得众多文学爱好者纷纷前来一睹风采。

可惜的是，马笼宿在1960年前后年游客数量超过了10万人次，外部资本的介入使得城镇面貌逐渐景点化，丧失了驿站的风韵。对

1　"宿"即"宿场"的简称，意为驿站，现在有时也作为地名的一部分。——编者注

南木曾町妻笼的街道

旅游价值的追捧破坏了城镇魅力的根本，这种现象不只发生在马笼，此后在日本各地也不断发生。

造访马笼的外来者中，也有部分游客踏足了邻近的妻笼，其中有一些声音称萧条的妻笼尚留有原本的驿站状态。获此评价的妻笼逐渐开始吸引一些马笼的游客。

木曾观光联盟与国铁经过判断，于1964年选定妻笼为旅游开发的候选地点。次年，南木曾町也将旅游开发作为城镇发展政策，1967年制定《南木曾町观光开发指南》和《旧中山道治理与保护计划书》，敲定了旅游开发的基本方针。此外，还阐明了旅游开发的三大基础，即"中山道的诗意"、"与文化财共存"以及"拒绝外部资本"，显然是吸取了马笼的教训。

在这一方针指导下，胁本阵[1]林家住宅得到保护，改为乡土文化馆。妻笼在东京大学太田博太郎的指导下开始了街区调查工作，这一委托建筑史学者指导调查的做法成为未来街区保护的常态。1968 年，妻笼全部住户加入"爱妻笼会"，妻笼的街区保护具体措施正式开始实施。

虽然政府机构和居民在将传统街区作为文化财保护并作为旅游资源进行开发这两点上达成了共识，但人口流失并未停止。此外，1965 年和 1966 年连续发生的大洪水对街区的建筑造成了破坏，妻笼陷入最危险的时刻。财政资金匮乏的南木曾町反反复复游说长野县，最终通过"明治百年纪念工作"实现了对整片街区的统一修缮。就这样，妻笼受洪灾影响严重的 26 栋建筑在 1970 年之前全部得到修缮，旧日驿站的面貌得到了部分恢复。由于妻笼与高山一样被列入"发现日本"景点名录之中，年游客量迅速激增至 60 万人次。

面对这一情况，妻笼于 1971 年召开居民大会，颁布了"居民宪章"，其中强调了不出售、不出租和不破坏三大原则。这是为了防止出现与街区风貌不相容的建筑以及由外部资本建设的大型住宿设施和餐饮场所，遏制当地迅速抬升的景点化势头。

综上所述，妻笼的街区保护是为了应对人口急速流失所采取的方案之一，是居民和城镇共同采取的措施。那些推进街区保护的城

1　江户时代驿站内供大名或幕府重臣住宿的建筑称"本阵"，供其家臣或一般官员住宿的称"胁本阵"。——编者注

镇公职人员后来专注老人福利设施的申办运营，从这一点也能窥见相同的特征。而且在妻笼的案例中，我们也能够看出当地居民有着将街区作为观光资源进行开发的强烈意识，同时他们又担忧过度景点化会造成破坏和风景同质化，因此更多的是强调街区作为文化财的本质价值。尽管将历史建筑和传统街区作为一般旅游资源开发也一定会进行保护，但倘若毫无节制地将景点开发放在优先位置，那么必然会破坏原本的魅力之源。从当地居民的选择来看，他们显然认识到了这一点。此后，日本各地街区在保护时都要考虑如何把握景点化这一"必要之恶"，妻笼正是这一问题的探路者。

传统建筑群保护地区的出现

迄今为止，本书已经介绍了京都、仓敷、高山和妻笼的例子，在 20 世纪 60 年代之后，日本各地都已广泛开展街区保护活动。在零散分布着洋馆的神户市北野町、武士住宅林立的山口县萩市以及有着合掌造村落的岐阜县白川村荻町等案例中，街区的特点和当地重视的文化价值都差异巨大，居民的经济情况和地方政府的能力也各有不同，因此在尝试的过程中采用的保护方法也多种多样。

认识到历史建筑和传统街区的多种价值，挑选出适合自己城市未来形象的部分，这种做法符合地方自治的理念。然而只有少数地方政府能够利用地方财政进行保护。由于日本法律的统一限制，地方政府无法通过地方条例或行政指示来减少困难，这更增加了修缮建筑和保护街区的难度。根据《建筑基准法》和《消防法》的要求，作为个人财产的私有建筑不能使用传统材料修缮，在此前提下，如何支出公共资金保护历史建筑，这一问题的回答并不明确。此外，地方政府的税务减免问题也很棘手。

当时在文化厅任职的伊藤延男提出了"传统建筑群"这一概念。

1975 年在《文化财保护法》修正之际添加的"传统建筑群"，其定义为"与周围环境融为一体，形成具备历史风致的传统建筑群，极具价值（以下简称'传统建筑群'）"。换言之，即使建设年代并不久远，建筑自身的历史价值也不高，但只要继承了在当地环境中形成的特征就足以被称为"传统建筑"，可以与邻近的类似建筑构成传统建筑群被列入文化财。

这一规定着眼于建筑的群体特征，并不拘泥于其是否具有历史意义，或其所在空间是否能够展现景观的完整性。

因此，通过对"传统"这一定义的重新阐释，那些本不符合街区定义者，如农舍与农田连为一体的农村聚落、在普通住宅中零散分布着洋馆的区域、大到在街道上只看得见围墙和大门等建筑部件的武士住宅群等得以被纳入其中。一个容纳了大量对象的全新文化财概念就此被创造出来。

传统建筑群的保护

传统建筑群不仅意味着新的概念，其使用的保护手法也与国宝、重要文化财等以往的文化财大不相同。

以往的文化财认定工作，无论实际状况如何，理论上都是由国家层面主导认可价值后再认定为文化财，同时限制所有者改变建筑现状并提供修缮费用。传统建筑群的保护则是由地方政府尝试推动独立保护街区方案，其中又以京都市在特别保护修景地区采用的方案最为典型，可以总结如下：

一、由市町村委托大学等机构的研究人员进行学术调查，查明待保护对象的特性、具体价值所在或保护过程中可能遇到的挑战；

二、居民与市町村共同讨论保护方向并达成共识；

三、由市町村制定"保护条例"；

四、确定"传统建筑群保护地区"的范围，制定明确与居民达成协议的保护计划，并将这些内容反映至城市规划中；

五、国家基于市町村的申请，选定"重要传统建筑群保护地区"，并通过市町村提供资金进行修缮和美化工作。

这一制度之所以如此复杂，甚至乍读之下令人难以理解，是因为它要确保先前实行街区保护的市町村能够顺利过渡。此外，街区保护需要协调大量利益相关方，直接与当地居民接触的市町村必须在其中发挥主导作用。

现在回过头再看这个方案，可以发现第二条达成共识是最难的部分。在根据第一条的要求所查明的各类价值中，应该重视哪些、具体如何限制和资助、市町村的财政能力和当地未来的发展方向，都是要讨论的内容。因此，早期存在许多由于协调不力，最终放弃保护街区的案例。第三条中的"保护条例"在制定的过程中，应对众多来自市町村不同地区的质疑声也成为一大问题。

第四条中关于保护地区与保护计划的内容是第二条的具体化，其中明文规定传统建筑是在获得所有者同意后选定的，此外还明确规定了新建、改建其他建筑的规则等内容。对于被选定的传统建筑，将按照文化财的标准进行限制和补助。通过制定保护计划，我们能明确地知道保护什么、如何保护以及放弃什么。

保护计划将街区所拥有的多种价值进行分类排序，这一特点与京都特别保护修景地区的尝试近似，可以参考京都的事例了解。

除此之外，虽然没有明文规定，但在决定保护范围时往往需要区域内八九成的居民同意，在选定传统建筑时也需要得到所有者的同意。因此，保护范围往往较小，在调查阶段获得高评价的建筑也可能位于保护范围外，有的和那些并未征得所有者同意的普通建筑一样，最终被拆除。

综上所述，居民和市町村在传统建筑群的保护中占据主导地位，各重要传统建筑群保护地区的具体保护措施和面貌也各有不同。

1976 年，京都市祇园新桥地区直接由特别保护修景地区升格为

京都市祇园新桥的街道

重要传统建筑群保护地区，因为两层独栋民居在京都随处可见，但茶屋如此密集的仅有祇园周边地区。该重要传统建筑群保护地区仅为东西长约160米、南北长约100米、总面积约1.4公顷的狭小区域，但总75户民居中有七成被选定为传统建筑，比例之高足以窥见为何保护此处。另外三成普通住宅也按街区的特点进行了美化改造，如今街道两侧全是呈现传统面貌的建筑。

相比之下，1980年被选定为重要传统建筑群保护地区的神户市北野町山本路由于保护范围内的洋馆分布过于松散，以至于虽然有着9.3公顷的保护面积，但边界线却极为曲折，这并非有何历史依据，仅仅是保护地区内洋馆的分布导致的。

神户市北野町的街道

　　对于洋馆之外未被列为传统建筑的其他建筑，也因此限制很少，并且未进行美化工作。洋馆就这样散落在普通的街区之中，但这并不影响当地的旅游产业如火如荼地发展。

　　1978 年入选的青森县弘前市仲町曾是武士宅邸群的一部分，不过在约 10.6 公顷的重要传统建筑群保护地区中，被选定为传统建筑的仅有 10 栋左右是武士宅邸的主屋，其他的都是大门、围墙和篱笆这些街道两侧的建筑部件。可以看出该例十分重视保全街景和良好的居住环境，并未积极谋求景点化。

　　由此看来，设定保护地区的逻辑和制订保护计划的内容都因地而异，限制的内容、程度和对于传统建筑之外其他建筑的限制，修

弘前市仲町的街道

　　缮资助的金额，以及是否要进行美化等诸多方面亦不一而足。由此可以看出重要传统建筑群保护地区的两个特点，一是由市町村主导，二是各地区在保护方向和内容上都有差别。

　　此外，在得到《文化财保护法》这一法律支持的重要传统建筑群保护地区，向个人支付补助金不再成为问题，为建筑所有者减免纳税、放宽《建筑标准法》适用标准和弹性落实《消防法》等举措也具有重大意义。

　　无论是谁、无论什么时候都可以参观的重要传统建筑群保护地区作为社会公共空间，逐渐发展为与其他地方不同的区域。这里往往有着出色的街道环境治理，迁移了电线杆或将电缆埋入地下，配有观光配套设施和防灾设备，还设有小型博物馆和公园等公共基础设施。

向保护城市整体进发：海野宿、大森银山与函馆

20 世纪 60 年代末至 70 年代初是街区保护活动的高潮，日本各地都开始了自己的尝试。1975 年创立的传统建筑群制度集中体现了这些先进的尝试，并取得了实际效果，但在不久后的 20 世纪 80 年代，街区保护活动陷入停滞。

陷入停滞有多方面的原因，其中包括错误地认为连一颗钉子都不能随意增减的对文化财的敏感态度，根深蒂固的历史负面记忆，以及地方政府财政困难等问题，但最重要的是受到了经济繁荣期开发热潮的影响。

不过，自 20 世纪 90 年代开始，开发热潮随着日本泡沫经济崩溃而散去，世人的目光又再次聚集至街区保护之上。那些能展现地域特色的传统街区受到重视，重要传统建筑群保护地区的数量不断增长，自 1990 年的 29 处增长至 2020 年的 120 处。

重要传统建筑群保护地区的不断增多，不仅是因为使街区保护活动陷入停滞的问题已经消失，新成立的"全国街区保护联盟"和"全国传统建筑群保护地区协议会"也发挥了巨大作用。参与这些活动的市町村负责人和居民团体交流了各自街区保护的实际情况和运营经验，使得那些即将加入的新地区能够少走不必

要的弯路。

这一时期的重要传统建筑群保护地区不仅数量在增加，其特点也发生了变化。

早期的重要传统建筑群保护地区设置了数公顷的保护范围，这是在这些地区传统建筑保存情况良好的前提下，征得所有者同意后进行的安排。然而，划定这样的区域是从广大的街区中选取一小块进行保护，不可避免地分割了区域内外的居民观念和街区面貌。事实上，早期入选的重要传统建筑群保护地区的周边已经出现了这一现象。

相比之下，20 世纪 80 年代后期以来日渐明显的新趋势是将具有历史或景观意义的传统社区直接整体划为保护区。由于重要传统建筑群保护地区的限制较为宽松，以及众所周知是由市町村和居民负责运营，因而民众对于保护新趋势并不太抵触。

长野县东御市的海野宿于 1987 年被选为重要传统建筑群保护地区，保护范围为原驿站整体约 13.2 公顷的土地及背后的农田。因此，该地区的传统建筑主要分布在偏东侧四分之三的区域内，而正在改造的偏西侧四分之一的区域几乎没有传统建筑。

此外，同年入选重要传统建筑群保护地区的岛根县大田市大森银山地区，原为江户幕府直辖的矿业城市，在入选之初仅包括原城区约 32.8 公顷的范围。2007 年在大森银山入选世界文化遗产之际，

东御市海野宿，重要传统建筑群保护地区

黑框内即为该保护区域，涂黑部分代表特定传统建筑

资料来源：文化庁文化財保護部建造物課編『集落町並みガイドー重要伝統的建造物群保存地区』（1990 年）

大田市大森银山的街道

周边的山区被进一步纳入保护范围中，如今的保护面积已达 162.7 公顷。

2004 年入选重要传统建筑群保护地区的兵库县丹波筱山市筱山地区，以城下町为保护对象，并将城堡、武士住宅群和町人地三处特征迥异的区域囊括进来，共约 40.2 公顷。因此，在保护计划中也针对不同区域规定了不同的修缮、美化标准。

综上所述，日本的街区保护从局限于城市内的小范围保护开始，在 20 世纪 80 年代末经历停滞期，最终发展为今日的大范围保护。然而，当保护对象范围扩大时，仅仅将传统建筑群作为文化财的做法也不再适用了。在此，本书将再次以京都市对城市景观的处理方式举例。如前文所述，20 世纪 70 年代起，京都市开始将市区整体纳入基本城市规划之中，针对各地区的特征与未来的发展方向，提出了相应方案，这一做法也为日本各地所沿用。

函馆市便是其中一例。函馆市是江户时代末期开埠的港口城市，作为北海道面向本州岛的大门和日本对俄贸易的窗口繁荣一时，不仅留下了许多洋馆，还留下了许多和洋结合风格的一至二层的独栋住宅，极具特色。因此，函馆的许多近代建筑很早就为人们所关注，1983 年已经有太刀川家住宅店铺、旧函馆区公会堂及函馆东正教会复活教堂三处建筑入选重要文化财，这几处也作为旅游资源为人们所熟知。

20 世纪 60 年代青函轮渡[1]停运，为防经济陷入衰退，函馆开始主推旅游业，独立推动城市景点化，这一设想也得到了市民们的支持。关于具体的旅游景点，方案中包括了自函馆山所能看见的五棱郭，历史上位于函馆山北麓的"港口小镇函馆"，以及函馆的核心——西部区域街区。

1982 年至 1983 年，函馆市针对西部区域残留的传统建筑群展开了调查工作，结果发现该地区大面积分布着极具特色的传统建筑。在探索保护政策并恢复与所有者协商之后，函馆市于 1988 年制定了《函馆市西部区域历史景观条例》，首次开展具体保护工作。

该条例以景观保护为目标，将西部区域整体约 120 公顷的土地列为"历史景观地域"，又将该地域分为住宅区、商住两用区和港口三个部分，并放宽了不同区域内的建筑限高和外观设计限制。这一做法与京都市的美观地区近似，但在区域内传统建筑的认定和以文化财标准保护这些建筑方面存在差异。函馆又将该历史景观地域中，约 14.5 公顷的土地划为重要传统建筑群保护地区。在该区域内，不仅被选中的传统建筑受到保护，而且区域内所有建筑都受到较为严格的限制，甚至会使用美化的手法打造统一的街区风格。

1　自青森穿越津轻海峡至函馆的轮渡，在跨海铁路投入运营之前，是联系北海道和本州陆运交通的重要航线。

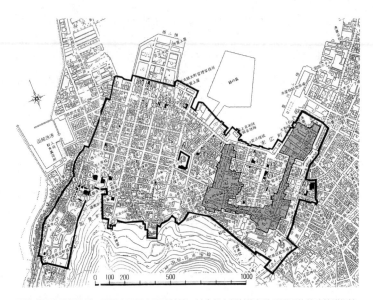

函馆市历史景观地域。黑线内是历史景观地域，其内部右侧斜线部分是重要传统建筑群保护地区，此外还有景观形成指定建筑等（涂黑部分）

资料来源：『西部地区の歴史と文化をまもり、そだて、つくりあげるために：函館市西部地区歴史的景観条例のあらまし』（函館市・函館市教育委員会，1986 年）

　　综上所述，函馆市在大范围区域内限制较为宽松，控制建造新建筑以整治城市面貌，同时保护洋馆等传统建筑，然后将一部分地区划为重要传统建筑群保护地区，在保护街区的同时进行美化工作。尽管函馆市的保护工作与京都市同样基于景观与文化财两点，但函馆市引入了新的尝试，即尝试大范围地保护城区。

城市保护的现状：金泽与东京

在日本年号自昭和变为平成之际[1]，日本的泡沫经济也抵达了顶峰，全国各地都在推进再开发工作，尚存建筑不断被拆毁，城市面貌巨变。这一现象使得日本各地方政府加快了景观保护政策的制定，正如明治时代以来重复发生的事情一样——急速破坏恰恰是保护的动机。

此外在这一时期，大众日常所能享受的景观属于公共财产这一认知传播的范围扩大，意义重大。对于"景观"这一关键词的重视在保护近代建筑中发挥了重大作用，人们开始尝试运用城市行政手段，围绕景观进行整体规划，这甚至可以左右城市的整体开发。

金泽市就通过组合运用各种手法，可以说规划了最为细致详尽的城市景观保护方案。

金泽曾经是加贺百万石[2]的大型城下町，由于躲过了明治以来的自然灾害以及战争摧残，极其罕见地保留了城下町的武家地、町人地和寺社境内。

金泽于 1968 年制定了《金泽市传统环境保护条例》，这份城市保护方案甚至比京都市的同类方案诞生更早。1989 年金泽市又在

1　1989 年。

2　江户时代，大名前田家受封于加贺藩，因政治地位重要，俸禄极高，称"加贺百万石"。位于现金泽市的金泽城是藩主的居城。——编者注

继承并发展该方案的基础上，制定了《金泽市城市景观条例》，至
1994 年又增加了《小型街区保护条例》。在这一系列的条例规约下，
如今的金泽按如下标准进行了细致的城市区域设置，将整座城市都
纳入景观保护之中。

　　一、作为文化财进行保护，有较严格限制的重要传统
建筑群保护地区（卯辰山麓、寺町台、主计町、东山东）；

　　二、以传统建筑地区为标准进行美化的"茶屋街街
区"（一地区）；

　　三、以社寺为核心，放宽限制的"社寺风景保护区"
（二区域）；

　　四、按照居民协定放宽限制，同时保护传统建筑的
"小型街区"（九地区）；

　　五、对公共空间进行引导和美化的"景观形成区域"。

在此基础上，还有利用零散市民住宅的"町家再生活用事业"，
以及部分地区限制室外广告、要求斜坡绿化等，几乎相当于整座旧
城下町即金泽中心城区都以某种形式受到保护。就这样，金泽市以
景观为主轴，将城区整体纳入历史、传统建筑与街区保护的框架
之中。

京都市和金泽市都重视历史建筑和街区，以景观为基础确立了

金泽市的西茶屋街

相关保护框架。不过，也有很多地方政府将主要精力放在创造新的景观，并限制或引导建设上。

在泡沫经济崩溃后，1994 年东京都制定了《东京都景观整体规划》，该规划以东京都的地形和自然环境为基础，以创造新的景观为目标。历史建筑依旧是其中一项要素，不过 1997 年《东京都景观条例》引入一项新机制，即由东京都自主选择具有重要景观意义的历史建筑。这不是像传统建筑那样以文化财为基准进行的街区保护，而是把历史建筑放在未来城市景观的核心位置去规划。

2004 年出台的《景观法》为地方政府建造景观提供了法律依据。至 2018 年末，基于该法律认定的景观行政团体已经多达 737 个，可以说保护和创造景观已经成为日本热门的社会活动。

然而，从景观角度来说，历史建筑不过是景观的要素之一，而且通常来说，肉眼可见的外观是唯一的评价因素，这一价值观念与近代建筑只需要保留外立面的观点一样。事实上，在景观的管理上，建筑修缮并未充分运用以往积累下来的观念及经验。

终 章

转变为日常的存在

对象的扩大与概念的扩展

迄今为止，本书介绍了发现历史建筑文化价值的过程，以及具体保护方法的变迁。保护对象自社寺开始，逐步扩展至城堡、民居、近代建筑和街区，这一变化印证了社会结构的变迁，可以说本书通过历史建筑回溯了日本社会近代化的历程。

进一步说，如果认为近代化这一社会现象今日仍在持续，那么继续发现历史建筑的新价值并将其列入保护对象，也就不足为奇了。

例如，如今被总结为近代化遗产的那些自江户时代后期就留下来的工商业、交通、土木等相关行业的建筑，组成了规模庞大且复杂的系统，针对其基础设施的维护管理工作自建造之初一直延续至今。

近代化遗产的这一特点使得它们被忽视，原因是常规评价方式是以建筑学为中心的，持续的修缮和功能的不断更新不符合传统的文化财概念，需要的保护方法更是与众不同。

除了近代化遗产外，近代日式建筑也受到大量关注。人们很早就注意到近代建筑中那些受西方影响深厚的洋馆和受过近代建筑学教育的建筑师的作品。这些建筑的建造时间从明治一直到昭和，虽然其重要性早就得到了大众认可，但直到现在才整理出一份全国范围内的分布清单。

明治至大正时代，继承了江户时代传统的工匠们也迎来了发展的巅峰时期，近代日式建筑的一大特征便是大量使用繁复精美的装饰，宛如工艺品一般。这一时期的另一特征是将近代建筑的功能和价值观念建立在传统技艺基础之上。这些都为保护工作增加了困难，如何处理为数众多、规模庞大、建筑结构精密又脆弱的近代日式建筑是摆在人们眼前的问题。

到了战后，历史建筑的保护对象扩大至现代建筑，又引入了世界文化遗产这一国际视角。这些新情况都在迫使日本改变国内原本闭塞的历史建筑文化价值评价和保护方法。

1992 年，日本加入《世界遗产公约》，次年起开始申报文化遗产和自然遗产。在这一时期，部分欧美学者对日本木构建筑的落架大修和复原行为提出了异议，认为这并非是保护历史建筑的行为，应该视为建造新建筑。

为了打消海外学者的这一疑虑，1994 年联合国教科文组织召开了"与世界遗产公约相关的奈良真实性会议"，会上讨论了文化遗产的真实性，并再次强调其他非欧洲文化的各类文化遗产之价值，最终平息了对日本保护和复原的争议。

不过，借此机会，日本国内也进一步讨论了此前社会尚存疑虑的落架大修与复原，在如何保护明治以来历史建筑的问题上取得了巨大的进展。通过对平城宫遗址再现的朱雀门和大极殿进行批判性研究等工作，近年来日本学界开始推崇以复原为核心的"复原学"。

在原爆穹顶[1]被列入世界遗产名录后，人们开始关注应如何评价附着了战争和自然灾害等"负面记忆"的历史建筑，以及应持何等理念去修缮它们。究竟是应将负面记忆传下去，还是应抹去记忆？对负面记忆的处理态度是这些遗址建筑保存与否的关键。在修缮时还要考虑其他问题，比如是应该将负面记忆产生的那一瞬间保留下来，还是应将其恢复原本面貌并进行整修，以便现代使用？

即使是原爆穹顶，在战后的很长一段时间内也面临着是否要保存的争议。近年来按原子弹爆炸前的面貌复原的和平纪念公园休息所（吴服店大正屋，1929）便招致不少批评声，旧陆军被服分厂（1913）今后应如何保护也尚待研究。

2011年东日本大地震后，如何看待象征负面记忆的建筑的问题更加凸显。岩手县大槌町役场在海啸中人员伤亡惨重，当地在经过激烈的讨论后，决定拆除该处。宫城县南三陆町防灾对策厅舍也同样被决定拆除，不过目前尚在保留期限内。关于保留负面记忆的讨

1　原为旧广岛县物产陈列馆，建于1915年，是唯一一座保留着原子弹爆炸时惨状的建筑。穹顶于1996年成为世界文化遗产。

论今后恐怕还将继续。

世界遗产在最初的文化遗产和自然遗产两项内容之外，加入了人与自然的相互作用所催生的"文化景观"概念，并基于这一概念提山了"文化与自然双重遗产"，这　改变意义重大。为对应这观念变化，日本《文化财保护法》也于 2004 年修订，增加了由人类生活生产与当地风土共同创造的"文化景观"这一文化财概念，并从基于《景观法》划定的景观区域中挑选出了"重要文化景观"。截至 2020 年末，日本全国已有重要文化景观 65 处。

如今，在保护文化景观和近代建筑的过程中，人们越来越重视"诚实性"这一概念，即允许改造和更新部分建筑区域，但必须保持建筑的整体特性和价值。想必这一概念将会影响今后关于历史建筑保护与修缮的讨论。

向城镇建设转变

如上文所述，如今围绕概念扩展和价值展开的讨论十分热烈。不过更值得注意的是，越来越多的人接受了一种新的观点，即把历史建筑看作日常生活的一部分。

虽然对历史建筑的破坏并未停止，但是保护并利用历史建筑的事例，以及通过再现建筑来展现历史空间的做法正不断增多。虽然这些也可说是旅游开发手段之一，但就本书提及的事例而言，历史建筑能够扎根于当地生活，在现代城市规划之中获得核心地位，正是各地民众活动的成果。

20 世纪 60 年代末，日本各地全面开始了街区保护运动，该运动自一开始便十分重视良好的生活环境。在妻笼和高山的事例中，可以看出除历史建筑之外的其他有形或无形的文化财，是作为城市建设的核心文化资源被提及的。在这些事例中，还提出了将街区和建筑，甚至有形和无形的各类文化财集中在一起设立"文化财集中地区"的构想。此外，同一时期日本各地景观建设风潮的出现，也是为了将各地区特有的历史景观用在现代城市建设当中。

2008 年，在城市规划中利用历史建筑和街区等景观的构想被写入《历史城市规划法（基于地域维护及改进历史风致的相关法律）》中。

《历史城市规划法》的核心是以市町村为中心制定"历史风致维护发展计划"。规划本身与用于保护街区的重要传统建筑群保护地区计划近似，此外，非政府组织开展的提升城市软实力的工作，例如人才培养、环保行动和庆典活动等也被列为支持对象。此外，《历史城市规划法》的颁布展现出人们对历史给予了多方面的关注，该法案规定的内容超越了行政划分界限，由日本文化厅、国土交通部、农林水产部三部门共同负责。

近年来，与历史建筑有关的活动日趋增多，这一现象的背后是 1996 年修改《文化财保护法》时引入的"录入有形文化财"概念。录入有形文化财并非文化价值概念的扩展。以往的重要文化财是基于学术判断严选出少数优品，并对其进行周密的保护，而对于剩下的十万余栋历史建筑，人们只能寄希望于用宽松的制度保护。录入有形文化财与"严选优品"的重要文化财不同，该概念旨在尽可能多地覆盖历史建筑，保护那些具备条件的建筑。

录入有形文化财的保护对象候选范围极大，除以往民居紧急调查、近世社寺紧急调查以及近代化遗产、近代日式建筑调查的对象外，还包括日本建筑学会编纂的《日本近代建筑总览》等书中记载的建筑。此外，该概念对于变更现状的限制（改变三分之一及以上的外观需要申请）和政府资助的条件都较为宽松，倾向于推动建筑所有者转变用途积极利用历史建筑。可以看出，这是为了使历史建筑能够作为资产为各地的城市建设做出贡献。

这些宽松的限制使得积极利用历史建筑成为可能，不过同时也引来了人们关于丧失文化价值的恐慌。第五章曾提及，近年来存在因随意翻修造成的损害。如果能够向负责实际工作的设计人员和施工人员提供以往在修整文化财建筑时积累的经验，就能够避免这些损害。

基于这一观点，兵库县建筑师协会和教育委员会为配合文化财录入制度的步伐，共同主办了"兵库县文化财管理培养讲习会"。2018 年该讲习会迎来了第 15 期，以录入有形文化财、地方指定文化财及重要传统建筑群保护地区的建筑为讨论对象，为建筑师们提供了日常修缮及改造利用建筑的实践经验。

兵库县因阪神大地震的破坏，历史建筑损毁严重，在当地开始的这项活动通过日本各地的建筑师协会推广开来，至 2020 年末已有 45 个建筑师协会举办了同类型的培训讲座。通过这些讲座，建筑师们获得了技能和人脉，并在东日本大地震重建和熊本地震重建等工作中发挥了作用。

至 2020 年末，被列为文化财等项目保护对象的历史建筑总数如下：

国宝重要文化财（国家指定）2532 处、5122 栋（2020 年 7 月）；

录入有形文化财（国家录入）11886 处（2020 年 7 月）；

都道府县指定文化财 2531 处、4527 栋（2020 年 5 月 1 日）；

市町村指定文化财 9700 处、12550 栋（2020 年 5 月 1 日）。

共计 26649 处，平均每县 567 处，每市町村 15.5 处。此外，重要传统建筑群保护地区共 120 处（2020 年 7 月），平均每县 2.5 处。保护地区内还有近一万栋受保护的建筑，再加上重要文化景观（65 处，2020 年 10 月）和受各地景观条例保护的建筑，总数恐怕超过了五万处。

　　各位读到这里，恐怕会惊讶于这个数字，但更大的数字还在后面。基于学术调查进行了价值评价的建筑数量高达十万余处，由此看来，未来被列入文化财等保护领域的历史建筑还会继续稳定增加。即使是尚未被列为文化财的建筑，近年来也有许多由所有者和相关人士发现了其价值，对其进行了保护或利用。

　　大量历史建筑长期存在着，只是一直被人们视为理所当然而被忽视。直到现在，人们才开始关注它们，将它们视为现代资产，或者说视为那些展望未来的城市建设的核心。

　　本书记录了日本近代一开始单纯从"老旧建筑"中发现新价值，后产生"历史建筑"这一概念并探索保护方法的历程。经历了如此漫长的时光，日本社会才终于认识到历史建筑的存在价值、独特魅力以及尚未开发的可能性。

后 记

再次回到大学工作，距离我担任文化厅技术官的时光已经过去了二十余年。

我现在任职的东京艺术大学是艺术家的摇篮，其建筑科（东京艺术大学不称建筑学科而称建筑科）也以培养富有独创性的建筑师为己任。在这样的情况下，我能够切实地感受到与从前相比，学生们对历史建筑的关心程度高了很多。

在能够自己选择主题的毕业设计等项目上，过去十年里，大家不再以废旧建新为前提，而是更多地从历史事物中寻找灵感，甚至可以直接看到以保护和利用历史建筑为主题的思考。在日本各建筑类大学中都能看到这一转变，可以说这也反映出了日本社会的变化。

基于这一认知，我在东京艺术大学、东京大学和日本女子大学都以历史建筑保护为主题开设了课程，主要面向建筑学和艺术史学研究生。我设想本书的主要受众是热爱历史的普通读者，本书的编写是在重新组织授课知识的基础上完成的。

本书的核心内容是我在文化厅工作期间，尤其是在 1996 年前后参与建立"录入文化财"制度时所进行的调查和思考。就此而言，本书是早就该出版的，但随后西村幸夫、清水重敦、山崎干泰和青柳宪昌等同侪陆续发表的研究成果令我受益颇多，发现了多处值得再思考的地方。包括常被否定的所谓"再现"手法在内，本书中引入了多处新的见解。

但同时，由于本书将日本近代史作为价值发现过程的背景，因此未能深入探讨如今依旧严峻的历史建筑现状。如果想要了解这一现代课题，我极力推荐后藤治与他人合作的优秀作品《丧失城市记忆之前》（白扬社，2008）。

最后我想说的是，这本书于 2019 年开始构思具体内容，在这一年，首里城和巴黎圣母院都遭遇火灾，围绕着名古屋城天守的重建、复原和再现等问题，人们也争论不休。到我真正动笔写作时已是 2020 年，全世界都笼罩在新冠疫情的阴影下，旅游景点门可罗雀。经历疫情之后，人们对待历史建筑的态度如何，改变抑或不变，谁也无法预测。但无论如何，回顾历史都是有意义的。我写本书的意义便在于此，希望能够对读者们有所助益。

光井涉

二〇二一年一月

主要参考文献

【第一章　歴史の発見】

　　澤村仁編『日本建築史基礎資料集成　四　仏堂Ⅰ』（中央公論美術出版、1981 年）

　　水藤真『棟札の研究』（思文閣出版、2005 年）

　　中村琢巳『近世民家普請と資源保全』（中央公論美術出版、2015 年）

　　稲垣栄三「式年遷宮の建築的考察」（太田博太郎博士還暦記念論文集刊行会編『日本建築の特質―太田博太郎博士還暦記念論文集』（中央公論美術出版、1976 年）

　　山口県編『山口県史　史料編　近世一』（全二冊、山口県、1999 年）

　　高柳真三・石井良助編『御触書寛保集成』（岩波書店、1934 年）

　　中村昌生『茶室百選』（淡交社、1982 年）

西和夫「古今伝授の間と八条宮開田御茶屋」(『建築史学』一号、1983 年 10 月)

伊藤鄭爾『中世住居史―封建住居の成立』(東京大学出版会、1958 年)

船越誠一郎編纂校訂『浪速叢書　第二　摂陽奇観』(複製版、名著出版、1977 年。原著は 1927 年)

池田弥三郎他監修『日本名所風俗図会』全一九冊 (角川書店、1979~1988 年)

河田克博・渡辺勝彦・内藤昌「江戸建仁寺流系本の成立」(『日本建築学会計画系論文報告集』383 号、1988 年 1 月)

河田克博「建仁寺流堂宮雛形の研究」(河田克博編著『近世建築書　堂宮雛形　二　建仁寺流』、大龍堂書店、1988 年)

加藤悠希「近世における内裏の復元考証」(海野聡編『文化遺産と＜復元学＞―遺跡・建築・庭園復元の理論と実践』、吉川弘文館、2019 年)

加藤悠希『近世・近代の歴史意識と建築』、中央公論美術出版、2015 年

【第二章　古社寺の保存】
辻善之助『日本仏教史　近世篇』(全四冊、岩波書店、1952~1955 年)

大桑斉『寺檀の思想』（教育社歴史新書、1979 年）

藤田覚『幕末の天皇』（講談社選書メチエ、1994 年。講談社学術文庫、2013 年）

高埜利彦浅草寺史料編纂所・浅草寺日並記研究会編『浅草寺日記』（既刊全四〇冊、金龍山浅草寺、吉川弘文館発売、1978~2020 年）

安丸良夫『神々の明治維新―神仏分離と廃仏毀釈』（岩波新書、1979 年）

大蔵省管財局編『社寺境内地処分誌』（大蔵省財務協会、1954 年）

村上専精・辻善之助・鷲尾順敬共編『新編　明治維新神仏分離史料』（複製版、全一〇冊、名著出版、1983 ～ 1984 年。原著は1926 ～ 1929 年）

光井渉『近世寺社境内とその建築』（中央公論美術出版、2001 年）

光井渉『都市と寺社境内―江戸の三大寺院を中心に』（ぎょうせい、2010 年）

丸山宏『近代日本公園史の研究』（思文閣出版、1995 年）

文部省文化局宗務課監修『明治以俊宗教関係法令類纂』（第一法規出版、1968 年）

奈良国立文化財研究所建造物研究室『奈良県文化財保存事務所蔵　文化財建造物保存修理事業撮影写真』（2001 年）

西村幸夫『都市保全計画―歴史・文化・自然を活かしたまちづくり』（東京大学出版会、2004 年）

清水重敦『建築保存概念の生成史』（中央公論美術出版、2013 年）

山崎幹泰「明治前期社寺行政における「古社寺建造物」概念の形成過程に関する研究」（早稲田大学学位論文、2003 年）

関秀夫『博物館の誕生―町田久成と東京帝室博物館』（岩波新書、2005 年）

佐藤道信『＜日本美術＞誕生―近代日本の「ことば」と戦略』（講談社選書メチエ、1996 年）

鈴木博之・藤森照信・原徳三監修『Josiah Conder―「鹿鳴館の建築家ジョサイア・コンドル展」図録』（増補改訂版、建築画報社、2009 年）

河上真理・清水重敦『辰野金吾―美術は建築に応用されざるべからず』（ミネルヴァ書房、2015 年）

鈴木博之編著『伊東忠太を知っていますか』（王国社、2003 年）

志賀重昂『日本風景論』（全二冊、講談社学術文庫、1976 年、原著は 1894 年初版、1903 年増訂一五版）

【第三章　修理と復元―社寺】

清水重敦『建築保存概念の生成史』（中央公論美術出版、

2013 年)

　羽生修二『ヴィオレ・ル・デュク─歴史再生のラショナリスト』(鹿島出版会、1992 年)

　吉田鋼市「新薬師寺の明治修理に関する保存論争と「水谷仙次」」(『日本建築学会計画系論文集』六二〇号、2007 年 10 月)

　山崎幹泰「明治前期社寺行政における「古社寺建造物」概念の形成過程に関する研究」(早稲田大学学位論文、2003 年)

　後藤武「鉄筋コンクリート建築の考古学─アナトール・ド・ボドーとその時代』(東京大学出版会、2020 年)

　水漉あまな・藤岡洋保「滋賀県における古社寺保存法の運用と修理方針」(『日本建築学会計画系論文集』五一八号、1999 年 4 月)

　大江新太郎「日光廟修理辯疏」(『建築雑誌』三四六・三四七・三四九〜三五一号、1915 年 10 月〜 1916 年 3 月)

　内田祥士『東照宮の近代─都市としての陽明門』(ぺりかん社、2009 年)

　浅野清『昭和修理を通して見た法隆寺建築の研究』(中央公論美術出版、1983 年)

　浅野清『古寺解体』(学生社、1969 年)

　青柳憲昌『日本近代の建築保存方法論─法隆寺昭和大修理と同時代の保存理念』(中央公論美術出版、2019 年)

『建築と社会』法隆寺問題特集号（三三巻一〇号、1952 年 10 月）

岡田英男『日本建築の構造と技法—岡田英男論集』（全二冊、思文閣出版、2005 年）

服部文雄「建造物の保存と修理」（『佛教藝術』（一三九号 1981 年 11 月）

修理工事報告書新薬師寺（1996 年）・唐招提寺金堂（2009 年）・浄瑠璃寺本堂（1967 年）・東大寺大仏殿（1980 年）・平等院鳳凰堂（1957 年）・法隆寺東大門（1934 年）・法隆寺伝法堂（1943 年）・法隆寺金堂（1956 年）・當麻寺本堂（1960 年）・中山法華経寺祖師堂（1998 年）・大報恩寺本堂（1954 年）・明通寺本堂（1957 年）

【第四章　保存と再現—城郭】

井上宗和編『日本城郭全集』（全一〇冊、日本城郭協会、1960 〜 1961 年）

富原道晴『富原文庫蔵　陸軍省城絵図—明治五年の全国城郭存廃調査記録』（戎光祥出版、2017 年）

兵庫県立歴史博物館編『城郭のデザイン—特別展　国宝　姫路城原図展』（兵庫県立歴史博物館、1994 年）

松本市教育委員会編『国宝松本城』（松本市教育委員会、

1966 年）

　田中正大『日本の公園』（鹿島研究所出版会、1974 年）

　徐旺佑「近世城郭を中心とした歴史的記念物の保存手法と整備活用に関する研究」（東京藝術大学学位論文、2010 年）

　佐藤佐『日本建築史』（文甎堂、1925 年）

　岡本良一他『大阪城 400 年』（大阪書籍、1982 年）

　中村博司『大坂城全史—歴史と構造の謎を解く』（ちくま新書、2018 年）

　大阪府近代化遺産（建造物等）総合調査委員会、日本建築家協会近畿支部、編集工房レイヴン調査・編集『大阪府の近代化遺産—大阪府近代化遺産（建造物等）総合調査報告書』（大阪府教育委員会、2007 年）

　文化財保護委員会編『戦災等による焼失文化財　建造物篇』（全三冊、文化財保護委員会、1964 ～ 1966 年）

　野々村孝男『首里城を救った男—阪谷良之進・柳田菊造の軌跡』（ニライ社、新日本教育図書発売、1999 年）

　木下直之『わたしの城下町—天守閣からみえる戦後の日本』（筑摩書房、2007 年。ちくま学芸文庫、2018 年）

　海洋博覧会記念公園管理財団総監修『琉球王府首里城』（ぎょうせい、1993 年）

　静岡県掛川市教育委員会社会教育課監修『掛川城復元調査報

告書』(静岡県掛川市教育委員会社会教育課、1998 年)

　　『長崎市　出島・南山手地区基本計画策定調査報告書』(長崎市、1984 年)

　　西和夫『長崎出島オランダ異国事情』(角川叢書、2004 年)

　　長崎市・長崎市教育委員会編『国指定史跡「出島和蘭商館跡」保存活用計画』(改訂版、長崎市教育委員会、2017 年)

　　海野聡『古建築を復元する―過去と現在の架け橋』(吉川弘文館、2017 年)

　　文化財建造物保存技術協会編『特別史跡熊本城総括報告書』(熊本市熊本城調査研究センター、2016 年)

　　修理工事報告書熊本城宇土櫓 (1990 年)・大洲城台所櫓他 (1970 年)・犬山城天守 (1965 年)・小諸城大手門 (2008 年)・松本城天守 (1955 年)・松江城天守 (1954 年)・掛川城御殿 (1976 年)・旧細川刑部邸 (1996 年)

【第五章　保存と活用―民家・近代建築】

　　民家研究会編『民家』(復刻版、全二冊、柏書房、1986 年。(原著は 1936 年)

　　令和次郎『日本の民家』(相模書房、1958 年。岩波文庫、1989 年。原著は 1922 年)

　　黒田鵬心編『東京百建築』(建築画報社、1915 年)

堀越三郎『明治初期の洋風建築』（小滝文七、1929 年）

藤井恵介・角田真弓編『明治大正昭和建築写真聚覧』（文生書院、2012 年。原著『明治大正建築写真聚覧』は 1936 年）

鳥海基樹・西村幸夫「明治中期における近代建築保存の萌芽—「我国戦前における近代建築保存概念の変遷に関する基礎的研究」その 1」（『日本建築学会計画系論文集』四九二号、1997 年 2 月）

玉井哲雄編『よみがえる明治の東京—東京十五区写真集』（角川書店、1992 年）

文化庁監修、太田博太郎他編著『民家のみかた調べかた』（第一法規出版、1967 年）

太田博太郎『白馬村の民家』（長野県教育委員会、1964 年）

『岩手県の民家　文化財建造物特別調査報告書』（文化財保護委員会、1964 年）

関野克監修『日本の民家』（全八冊、学習研究社、1980 〜 1981 年）

大野敏『民家村の旅』（INAX、1993 年）

西川創他「おはらい町の町並み保存再生」（『建築雑誌』一三九三号、1996 年 8 月）

日本建築学会編『近代日本建築学発達史』（丸善、1972 年）

太田博太郎『歴史的風土の保存』（彰国社、1981 年）

『建築雑誌』「特集　検証・三菱一號館再現」（一五九八号、2010 年 1 月）

赤レンガの東京駅を愛する市民の会編『赤レンガの東京駅』（岩波ブックレット、1992 年）

日本建築学会編『日本近代建築総覧―各地に遺る明治大正昭和の建物』（新版、技報堂出版、1983 年）

『建築記録／中京郵便局』（郵政大臣官房建築部、1979 年）

後藤治・オフィスビル総合研究所「歴史的建造物保存の財源確保に関する提言」プロジェクト『都市の記憶を失う前に―建築保存待ったなし！』（白揚社、2008 年）

テオドール・H・M・プルードン著、玉田浩之編訳『近代建築保存の技法』（鹿島出版会、2012 年）

鈴木博之『現代の建築保存論』（王国社、2001 年）

加藤耕一『時がつくろ建築―リノベーションの西洋建築史』（東京大学出版会、2017 年）

修理工事報告書

箱木家住宅（1979 年）・東京駅丸ノ内本屋（2013 年）・旧札幌農学校演武場（1998 年）・旧近衛師団司令部庁舎（1978 年）・同志社礼拝堂（1990 年）・旧名古屋控訴院地方裁判所区裁判所庁舎（1989 年）・山形県旧県庁舎及び県会議事堂（1991 年）

【第六章　点から面へ—古都・町並み・都市】

関野貞「平城京及大内裏考」(『東京帝国大学紀要』、1907 年 6 月)

山岸常人「文化財「復原」無用論—歴史学研究の観点から」(『建築史学』二三号、1994 年 9 月)

海野聡『古建築を復元する—過去と現在の架け橋』(吉川弘文館、2017 年)

奈良国立文化財研究所編『平城宮朱雀門の復原的研究』(1994 年)

奈良国立文化財研究所編『平城宮第一次大極殿の復元に関する研究　一〜四』(2009 〜 2010 年)

水渡あまな・藤岡洋保「古社寺保存法成立に果たした京都の役割」(『日本建築学会計画系論文集』五〇三号、1998 年 1 月)

福島信夫・板谷(牛谷)直子・李明善他「京都市における風致地区指定の変遷に関する研究—風致地区が歴史都市京都の保全に果たした役割」(『都市計画論文集』四三－三巻、2008 年 10 月)

中嶋節子「昭和初期における京都の景観保全思想と森林施業—京都の都市景観と山林に関する研究」(『日本建築学会計画系論文集』四五九号、1994 年 5 月)

苅谷勇雅「都市景観の形成と保全に関する研究」(京都大学学位論文、1994 年)

大西國太郎『都市美の京都—保存・再生の論理』（鹿島出版会、1992 年）

『普請研究』「飞驒高山のそふとな町づくり」（一四号、1985 年）

『普請研究』「妻籠宿　小林俊彦の世界」（二一号、1987 年）

太田博太郎・小寺武久『妻籠宿　保存・再生のあゆみ』（南木曾町、1984 年）

文化庁文化財保護部建造物課編『集落町並みガイド—重要伝統的建造物群保存地区』（文化庁、1990 年）

大河直躬編『都市の歴史とまちづくり』（学芸出版社、1995 年）

宮澤智士編、三沢博昭写真『町並み保存のネットワーク』（第一法規出版、1987 年）

西村幸夫『町並みまちづくり物語』（古今書院、1997 年）

大河直躬編『歴史的遺産の保存・活用とまちづくり』（学芸出版社、1997 年）

『金沢景観　五十年のあゆみ』（金沢市都市整備局景観政策課、2018 年）

『西部地区の歴史と文化をまもり、そだて、つくりあげるために—函館市西部地区歴史的景観条例のあらまし』（函館市・函館市教育委員会、1994 年）

伝統的建造物群調査報告書

　京都市産寧坂（1995 年）・京都市祇園新橋（1992 年）・神戸市北野町山本通（1982 年）・弘前市仲町（1976 年）・東御市海野宿（1978 年）・大田市大森銀山（1998 年・2009 年）・篠山市篠山（2004 年）・函館西部地区（1984 年・1985 年）

【終章　日常の存在】

　Knut Einar Larsen, *Architectural Preservation in Japan*, ICOMOS International Wood Committee, Paris, 1994.

　ユッカ・ヨキレット著、益田兼房監修、秋枝ユミイザベル訳『建築遺産の保存―その歴史と現在』（アルヒーフ、すずさわ書店発売、2005 年）

　マルティネス・アレハンドロ『木造建築遺産保存論―日本とヨーロッパの比較から』（中央公論美術出版、2019 年）

　海野聡編『文化遺産と＜復元学＞―遺跡・建築・庭園復元の理論と実践』（吉川弘文館、2019 年）

　野村俊一・是澤紀子編『建築遺産　保存と再生の思考―災害・空間・歴史』（東北大学出版会、2012 年）

图书在版编目（CIP）数据

历史建筑的重生：日本文化遗产的保护与活用 /
（日）光井涉著；张慧译. -- 北京：社会科学文献出版
社, 2023.12
　　ISBN 978-7-5228-2529-8

　　Ⅰ.①历…　Ⅱ.①光…②张…　Ⅲ.①古建筑－保护
－日本　Ⅳ.①TU-87

中国国家版本馆CIP数据核字（2023）第179403号

历史建筑的重生：日本文化遗产的保护与活用

著　　者 / 〔日〕光井涉
译　　者 / 张　慧

出 版 人 / 冀祥德
组稿编辑 / 杨　轩
责任编辑 / 胡圣楠
责任印制 / 王京美

出　　版 / 社会科学文献出版社（010）59367069
　　　　　 地址：北京市北三环中路甲29号院华龙大厦　邮编：100029
　　　　　 网址：www.ssap.com.cn
发　　行 / 社会科学文献出版社（010）59367028
印　　装 / 北京盛通印刷股份有限公司

规　　格 / 开　本：889mm×1194mm 1/32
　　　　　 印　张：9.75　插　页：0.25　字　数：188 千字
版　　次 / 2023年12月第1版　2023年12月第1次印刷
书　　号 / ISBN 978-7-5228-2529-8
著作权合同
登 记 号 / 图字01-2022-5166号
定　　价 / 79.00元

读者服务电话：4008918866